卫生设备故障 50 例

［日］建筑设备故障研究会 著

陶新中 译

董新生 校

中国建筑工业出版社

漫　　　　画：木村芳子·山下民子
原书正文设计：大崎稔彦
插　　　　图：前田智子

前 言

建筑与设备是一种相互依存、相互制约的关系，是一对不即不离的"伴侣"。离开建筑，设备（空调·卫生·电气）将无法独立存在，可谓"皮之不存，毛将焉附"；反之，倘若设备不考虑建筑因素便自行其是就会给建筑带来负面影响。至于究竟是优先考虑建筑还是优先考虑设备？对此，虽然只能由建筑物的用途及功能所决定，但很多情况下理论与实际似乎并不完全一致。

结果便出现了各种各样的故障：这些故障是由意想不到的因素、反复发生的事件、错误判断引起的，是不可避免、各式各样的。而且，许多故障是不可能自行消失的。所以倘若能对故障稍稍加以考虑，稍稍加以反复的研究，稍稍将其公布于众，那么即便是有所遗憾但也不会因此而懊恼不已。

本书正是基于热切期盼建筑技术人员能多少懂得一些设备方面的实际知识，以及设备技术人员能多少对建筑技术人员有所理解这一考虑编写的，是一本由日本建筑协会组织、以故障案例形式编写的实用手册。

在编写过程中，为能收集到大量有关空调与卫生设备的案例，特意聘请了那些加入协会在建筑设计事务所担任设计监理、在总承包设备部门及设备施工公司负责施工及技术管理的业内资深实业家们参与，并组建了建筑设备故障研究会。将他们平时在各自岗位的种种经历及细心的观察毫无保留地汇集在一起。

在对汇集的大量案例进行了反复的研究后决定，将其中属于设备技术人员专门知识的部分另外做了安排。为能对建筑设计监理及直接从事现场管理的建筑技术人员、与建筑关系密切的设备设计监理及直接承担施工的设备技术人员们有所帮助，本书精选了 50 多例空调·卫生设备的故障，提出了具体的 案例 ，分析 说明 了该故障的 原因 与采取的 对策 ，并为如何预防故障的发生以及为防止再次出现故障而提出了指导性的 建议 。

所谓设计，无非是这样或那样一种假说。当设计得以实现时，计划与实际之间必然会存在一定的偏离。将这种偏离明确化、查明偏离的原因、采取相应的对策并反馈回来，将有助于新的业务的顺利进行。

本书既是一位工作中的得力助手，同时也是一本为学者、实业家等专业人士服务的通俗读本。

建筑设备故障研究会
辻野纯德
1985 年 6 月 4 日

目 录

前言

章	No	标　题	副　标　题	页码
1 与地下埋设层·地面有关的故障	1	一遇天敌就腿儿发颤	用溶剂粘结的配管因溶剂而变质	2
	2	"不堪重负"的铸铁管	断裂的铸铁管：地基沉降引起的渗漏	6
	3	冰水导致"缩身"的雨水管	以柔克刚	10
	4	反复踩踏的恶果——配管出现裂纹	交叉配管采用的点接触带来的危险性	14
	5	柔弱的铜管	被从地板龙骨上端钉入的钉子穿透的铜管；发生在折皱部位的裂纹	18
	6	不保温的埋设铜管	铜管的外表面腐蚀与内表面腐蚀	22
	7	"误入歧途"的污水	由横管内的空气阻力引起的水位上升	26
	8	强行施工导致全馆停电	决不可无视来自"预知危险"的警告	30
2 与管道井·墙壁·卫生间有关的故障	9	"厌恶"弯曲的立管	由空气与水的交替所引起的混乱	34
	10	无法进行清扫的排水管	位于单元房的专设部位；更换困难	38
	11	冻害是发生故障的罪魁祸首	水表也需防冻害	42
	12	事故源自于检修口门的开启	一定要注意检修口的位置	46
	13	智者千虑必有一失	不可掉以轻心的配管末端	50
	14	无法进行更换作业的电热水器	考虑到可对设备进行更换的设计	54
	15	可"随机变通"的火灾喷洒装置	既符合法律法规又能与各种变化相适应的绝好措施	58
	16	"危机四伏"的蹲便器	由不同原因引起破损的陶瓷器	62

章	No	标　　题	副　标　题	页码
2	17	便器也有"人权"	下部结构改变了大便器的位置	66
	18	用后才发现大有问题的清扫口	从清扫者的角度出发	70
3 与浴室·外墙有关的故障	19	灶台上的隐患——煤气中毒	缺氧造成的不完全燃烧	74
	20	一味追求形式必会有所损失	应重视与浴室相关的功能	78
	21	破坏平衡的平衡蒸馏釜	以煤气公司的规定为依据	82
	22	埋入式配管出现裂纹的原因	切不可将较粗的配管埋入外墙内	86
	23	热气与脏污也是"同路人"	莫将污水的热气随意排放到外面	90
4 与地下·屋顶有关的故障	24	无法吊取的潜水泵	如何才能将极重的潜水泵取出	94
	25	阻断音源方可遮断噪声	水泵振动·噪声传递的缺陷	98
	26	顶层的出水状况恶劣	高置生活水箱的安装高度太低	102
	27	高置生活水箱是防水修补作业的障碍物	机器设备的防水层也要考虑修补因素	106
	28	溢水犹如台风雨	溢水量与排水管的排水功能	110
	29	屋顶美观需要引发的设备移位	改变外观引起的设备功能的改变	114
5 与腐蚀有关的故障	30	耐腐蚀钢管中流出了铁锈水	螺纹接头的耐腐蚀性——问题多多	118
	31	电热水器也流出了铁锈水	水一旦停止流动铁锈便会沉淀	122
	32	铸铁给水泵中流出的铁锈水	在水中即时产生的铁锈	126
	33	莫使闸门阀成为泥沙的堆积处	水管的闸门阀无法关闭	130
	34	温度上升也会加速腐蚀	重新看待供热水主阀的耐腐蚀性	134
	35	切不可一味迷信于不锈钢	不锈钢的塑性加工是产生变质的原因所在	138

章	No	标题	副标题	页码
5	36	来自蚁穴般小孔的渗漏	需要进行耐腐蚀的是哪些部位，内表面·外表面	142
6 与给水·供热水有关的故障	37	入乡随俗	不同的地形·地域具有不同的指导方针	146
	38	接头脱落引起的混乱	配管渗漏不能简单处理	150
	39	不匹配的水表总表与分表	应注意水表的性能	154
	40	集中用水引起的供水不足	对负荷变动的考虑	158
	41	可望而不可及的进口水龙头	高价的水龙头在水压不足时也无法使用	162
	42	意想不到的"亲密接触"	淋浴器水温变化带来的烫伤	166
	43	受热后变形的聚氯乙烯管	因热水而略微变形的硬质聚氯乙烯管	170
	44	务必要使固定点稳固	变身为伸展管的伸缩接头	174
	45	给水管也会患"胃溃疡"	应当终止那些有害的湍流	178
7 与排水有关的故障	46	决不可以大代小	坡度不足致使污物无法排出	182
	47	发出咕嘟咕嘟声响的盥洗池	压缩空气冲破回水弯管的水封	186
	48	好了伤疤忘了痛	洗涤池排水管处出现的排水不畅	190
	49	泡沫由排水管处泛出	横管内的泡沫总是集中于高处	194
	50	担任污物处理职能的通气管	污水管堵塞致使污水流入通气管	198
	51	无法清扫的排水回水弯	还是将排水回水弯设在便于清扫的位置为好	202
		后记		206

注：游戏"双六"又名"升官图"，类似于中国的飞行棋。黑白子各15个，凭骰子点数抢先将全部棋子移入对方阵地的游戏——译者注

1 与地下埋设层·地面
有关的故障

1 一遇天敌就腿儿发颤

▶**用溶剂粘结的配管因溶剂而变质**◀

案例

[1] 竣工后不久，埋设的耐冲击性硬质聚氯乙烯给水管即出现渗漏。虽然考虑到将管接头拔出会引起粘结不良，但仍将其挖出。结果发现是因配管本身出现裂纹引起的渗漏。

[2] 医院的研究室位于七层，六层病房的顶棚出现漏水。所幸的是出现渗漏的部位恰好是在护士站前的顶棚处，所以才被及时发现，造成的损失不大。

经调查发现，用于排水的硬质聚氯乙烯管出现膨润软化。

[3] 涂刷在集合住宅地面排管的龙骨托梁混凝土接触面上的防腐剂将硬质聚氯乙烯管膨润软化。

上述案例的故障都是由配管的膨润软化引起的，下面就让我们来找一找各种故障的原因所在吧！

原因

案例1 在挖掘的过程中因不断从地下泛出阵阵有机溶剂的臭气，所以将其周围的泥土采样并进行了分析。结果表明膨润是由有机溶剂所造成的。

在对"为什么地下会有有机溶剂出现"一事进行调查后发现：在施工过程中，涂装作业人员是用有机溶剂进行建筑物外装的涂装的，而涂料调配作业的场所恰好是在出现膨润问题的埋设配管附近，作业人员对用于稀释、清洗用有机溶剂进行处理时，直接将其倒入地下。

与地下埋设层·地面有关的故障　3

案例2 研究室的研究内容是极为机密的，而且所用的药品也不会被公开，但因可列举出二甲苯、甲苯等溶剂名，所以推断可能是由有机溶剂引起的膨润软化。

案例3 因涂刷在集合住宅地面排管龙骨托梁上的防腐剂为溶剂，所以硬质聚氯乙烯给水管便出现了溶剂性裂纹。因在进行给水管配管作业时需对龙骨托梁进行刻槽接合，并对龙骨托梁的下面进行了防腐剂的涂刷，所以当配管与防腐剂接触后便出现了膨润软化。

案例1 将含有有机溶剂的泥土清除干净，并更换成新的耐冲击性硬质聚氯乙烯管。当然也需将用于回填的土砂换成新土。

案例2 对于废弃的有机溶剂等最好能按照一定的流量进行排放，而且该系统的配管材料由硬质聚氯乙烯管改为环氧树脂涂层钢管，并进行了配管的更换。

案例3 与涂有杂酚油木材接触部分的硬质聚氯乙烯管需进行涂覆，以防直接接触。

因硬质聚氯乙烯管会被杂酚油及有机溶剂所腐蚀，故应加以注意。由于有机溶剂多被用于制药厂及研究所等，因此最好在事先即进行协商，并确认是否使用。

当建筑材料需使用防腐剂时，以及涂料及黏结剂需使用有机溶剂时，应认真阅读注意事项。

[词语解释]
- 膨　润……固体与液体接触时将液体吸收后，虽其结构组织未发生变化但体积有所增大（泡胀，溶胀）。
- 溶剂·裂纹……应力裂纹的一种，在添加溶剂时产生，称为龟裂。

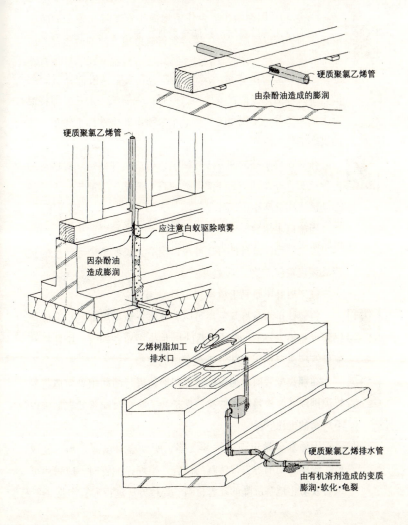

2 "不堪重负"的铸铁管

▶ **断裂的铸铁管：地基沉降引起的渗漏** ◀

地面泛出阵阵臭气。经调查发现，原来是铸铁排水管在基础的贯通部位出现断裂。

本案例是由某会馆一层铺有地毯的地面发出的臭气引起的，当将地毯揭开后发现地面已湿且出现裂纹。于是立即将混凝土地面凿开，发现用于污水排水泵输出的铸铁排水管在基础的贯通部位出现断裂。

在对贯通基础的部分进行回填已构成刚性固定。对埋设的土砂夯实，并在其上面浇灌了鹅卵石·配筋·混凝土。土砂经振动被压实并产生了沉降。

当施以土压后，压缩力便开始作用于铸铁管的表面，同时剪力也会作用于基础的贯通部位，因应力长期集中而产生的疲劳破坏现象便产生了裂纹。

施工后并不是马上就出现了断裂。

将铸铁排水管拆除，用可以有效防止地基沉降的尼龙涂层钢管（带有套圈）、带有套圈的尼龙涂层异径钢管、维克托利克型管接头（耐震接头）对配管进行更换。

在埋设配管时，为保证对挖掘部位进行的回填确实能将配管周围填实，应将砂子夯实。这是为了防止对配管的表面施以不均衡的土压。

因地基容易出现不均衡沉降，所以应对填海造地、建成地、海岸的周围等进行认真的调查。当埋设配管时，应采用可以有效防止地基沉降的配管材料、连接方法进行配管作业。

由于用于污水排水泵输出的铸铁排水管沉降程度不同,基础梁贯通套管附近出现断裂。埋设配管材料应具有一定的强韧性(高强度)

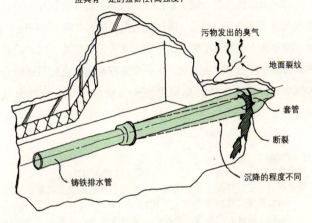

通过维克托利克型管接头(耐震接头)吸收沉降

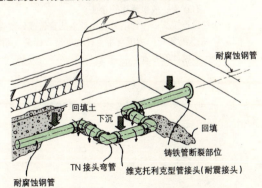

当采用螺纹式管接头时,因螺纹部分的管壁厚度较薄,故当施以外力时就有可能出现断裂,而且可锻铸铁接头也可能同样会出现断裂,所以应对此特别加以注意。

对于采用法兰盘连接头的配管,因只要将荷载加在法兰盘连接头上便会产生位移角,所以就会出现漏水及断裂等问题。

因地基下沉埋设配管的接头要承受一定的扭力,同时配管的轴长及角度也会产生变化,所以应采用与这些变化相适应的柔性接头,如维克托利克型管接头(耐震接头)等就十分有效。

[词语解释]
- 尼龙涂层钢管……钢管的内外面均用尼龙涂覆的钢管。
- 维克托利克型管接头(耐震接头)……是一种管端配有具有 C 型断面的伸缩式橡胶垫圈管,外周按开口环均匀施以压力的接头。由防止脱落的凸槽和凹槽组成,通过置于开口环的内槽完成接合。在用于混凝土与泵配管连接的接头中,也有同一种类的接头。
- 异型管……用于连接多个直管部分的特殊形状的配管。因其内部装有接头,故也称作管接头。
- 法兰盘连接头……管端装有法兰盘的直管或异型管。
- TN 接头弯管……为能与维克托利克型管接头(耐震接头)进行连接而设计的弯管。

与地下埋设层·地面有关的故障　9

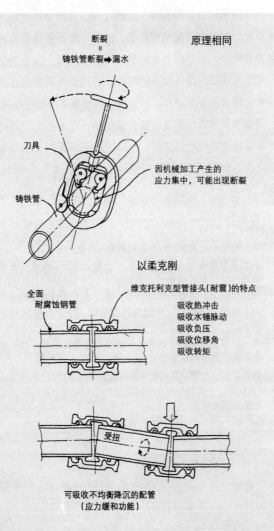

3　冰水导致"缩身"的雨水管

▶以柔克刚◀

　　1　硬质聚氯乙烯雨水管出现破损。出现破损的是钢筋混凝土结构5层建筑物外墙的雨水管。

　　2　在8层建筑物楼内的管道井里,两个与硬质聚氯乙烯雨水管立管相接的45°弯头(呈45°弯曲的管接头)因收缩变形而出现破损,三层办公室出现积水,损失严重。

案例1　在夏季进行配管作业的硬质聚氯乙烯雨水管受融化雪水的影响,收缩变形出现破损。

屋顶雨水斗为铸铁雨水斗,立管部分采用的是与套管相接的硬质聚氯乙烯管,并在配管部分使用了立管箍。

建筑物的外墙根部分为混凝土散水。因此,雨水用的立管就被完全固定。

以夏季的室外温度为33℃计,冬季融化的雪水温度为0℃,建筑物的层高为3m,楼层为5层时,硬质聚氯乙烯雨水管就会长达15m。硬质聚氯乙烯雨水管的线膨胀系数为$6 \times 10^{-5} \sim 8 \times 10^{-5}$/℃。

若按这一条件来计算管的收缩,则为

$$8 \times 10^{-5}/℃ \times 33℃ = 2.64 mm/m$$

$$2.64 mm/m \times 15m = 39.6 mm$$

因收缩了约4cm,所以在管内应力的作用下就出现了断裂。出现断裂的是套管下面的弯头。

案例2　本案例发生在4层以上为饭店,3层以下为事务所建筑物的四层。

与地下埋设层・地面有关的故障 11

彻骨冰水引起的"休克死"

未曾有过的严寒带来的"问题"

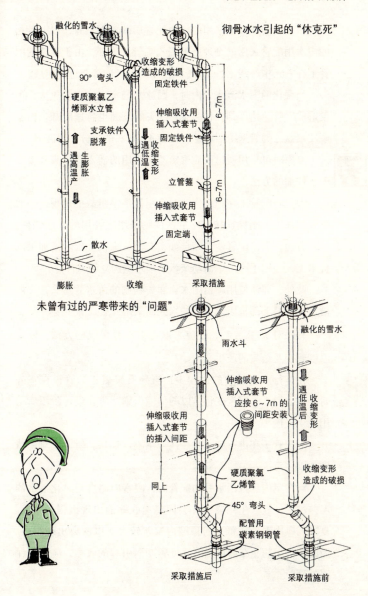

至4层的楼板上采用的均为配管用碳素钢钢管，以上各层的雨水用配管采用的是硬质聚氯乙烯管。另外，由于连接的配管不在一条中心线上，所以就用了两个45°的弯头进行连接。

当融化的雪水流入管内时，因冰水与室内的温差过大，不仅造成立管急速冷却，而且45°弯头的下面也急速冷却。由于硬质聚氯乙烯管遇冷后收缩，致使45°弯头的部分出现破损。

复原时可采用通过硬质聚氯乙烯管用的插入式接头来吸收配管伸缩的方法。

因担心配管工在施工作业时会引发渗漏事故的出现，一般配管往往采用刚性连接，支承铁件则采用配管用的普通铁件。另一方面，为使配管能伸缩自如，专门从事板金雨水槽加工的技术工人使用了有一定活动余量的雨水檐沟立管铁件。

此外，即使使用屋顶雨水斗和铸铁制的落水管弯头，一般雨水立管的上部也因鹅颈管的缘故而采用开放式的连接。

另外对于 案例2 ，还应采取将雨水管保温的方法，以防温度骤变及结露的产生。

在进行雨水配管的过程中，当硬质聚氯乙烯管设在室外时，考虑到立管温度变化造成的伸缩因素，应在设计阶段就采用插入式接头。

因配管工在进行施工时往往采用刚性连接，所以应对此特别加以注意。

当在室内进行雨水管的配管时，因室内温度与融化雪水的温差过大，故产生结露，并会因急速收缩而出现破损。相反，夏季因室内温度较低，与顶棚内温差较大所以就会出现结露。因此，为了防止结露以及因温度骤变而引起的收缩，应进行保温处理。

顶棚霉斑的发生也多是由雨水管外露部分结露的原因造成的。

当采用配管用碳素钢钢管的雨水管时,除需考虑伸缩问题外,还需进行防止结露的保温处理。

[词语解释]
- 弯头……管接头的一种。一般多采用呈90°弯曲的弯头及呈45°弯曲的弯头。
- 插入式接头……可以吸收硬质聚氯乙烯管收缩的接头,用伸缩式橡胶垫圈连接。

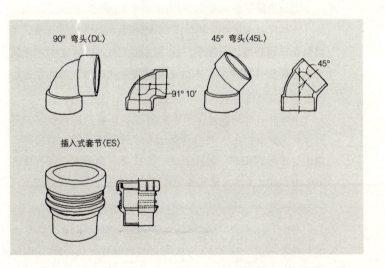

4 反复踩踏的恶果——配管出现裂纹

▶交叉配管采用的点接触带来的危险性◀

因地板上面配管的硬质聚氯乙烯给水管有裂纹而出现漏水。

集合住宅的配管多为地面排管。城市煤气管线与排水管及给水管是在楼板上地板龙骨的空间进行配管的，因布设在城市煤气管上的硬质聚氯乙烯给水管出现裂纹而引起渗漏。

集合住宅的给水管多采用混凝土地面排管配管，但排水管与城市煤气管必须要在与楼面板的狭窄空间交叉。

因城市煤气管的配管使用的是钢管，所以采用了万全之策——括弯。如果要求城市煤气配管施工公司对所有的交叉部位都采用括弯进行配管，成本就会太高。所以就利用硬质聚氯乙烯管的挠性特点，在城市煤气管上按一定的间距进行了配管。

入住后，硬质聚氯乙烯管部分与楼面板接触，部分与城市煤气管接触。由于硬质聚氯乙烯管是通过高温、高压挤压成型后冷却成型的，因此制造时的残余应力很大，而且因部分管表面应力集中，久而久之便产生了裂纹。

与地下埋设层・地面有关的故障 15

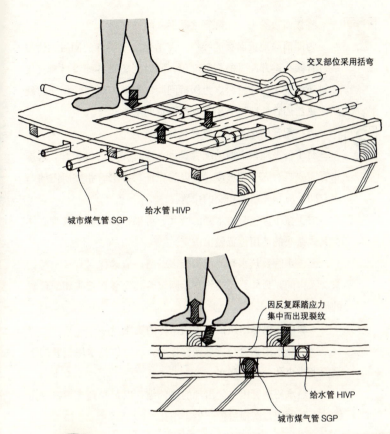

将楼面板除去，在配管之间插入缓冲材料。

为能消除地板面板的噪声，在增强支承铁件的同时，还需通过管接头避开配管的相交部位，同时为防止各配管材料直接接触还缠绕了缓冲材料。为保持间距，与城市煤气管相交的硬质聚氯乙烯管处应设有用于支承固定的木制台架。

应在配管的交叉部位留有充分的间距。

对于公寓地板上面的配管设计，应优先考虑排水管。因排水管需要具有充分的坡度，所以为保证与排水管相交所需的一定空间，应预先研究相交的位置。

关于城市煤气与给水管的交叉，可根据协议对煤气管立体交叉式接头的使用位置做出决定。

因供水管及热水管的接头较多，所以应确保具有一定的接头交叉空间。另外，还应将支承固定台架安装在接头相交位置的周围。

● **表现在供热水用铜管中的同样的现象**

因供热水用铜管与支承铁件接触，所以供热水用铜管的下端便形成小孔，出现漏水。

供热水用铜管因反复出现的热伸缩，以及受到支承铁件角铁的不断摩擦，磨损后便产生了小孔。

铜管使用的是硬质的 M 型铜管。

加热装置为快速热水器，随着加热与冷却的频繁交替，铜管也频频出现伸缩。另外，因供热水管与支承铁件及钢管等接触时会引起热损失，所以很快就会冷却，经常是加热、冷却反复出现。因此，应对此特别加以注意。

[词语解释]
- M 型铜管……根据管壁厚度，配管用铜管有 K、L、M 三种类型。K 型最厚。给水及供热水用铜管主要使用 L、M 型。
- 括弯……可越过不同材质配管在地面相交部分呈 "Ω" 状的异型管。

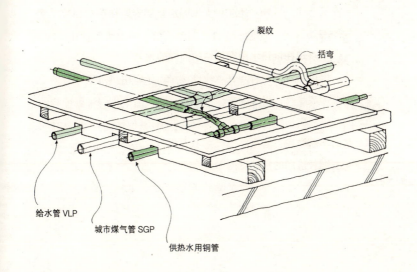

5 柔弱的铜管

▶被从地板龙骨上端钉入的钉子穿透的铜管：
发生在折皱部位的裂纹◀

[1] 集合住宅的某房间出现漏水，水渗漏到下层的浴缸。

因从渗漏部位流出的是热水，所以估计是供热水的铜管漏水。在此之前同一住宅小区的数家住户也曾发生过渗漏事故。事故主要都集中发生在竣工后的3~6个月内。

也曾对铜管进行过水压试验，且地板下的接头连接部分很少。另外，浴缸的连接部位也是设置在可以看到的位置处。

[2] 集合住宅的顶棚出现渗漏，顶棚及壁纸被浸透。竣工已有9个月。经调查发现，与给水管、城市煤气管相交的供热水铜管出现了裂纹。

将软质包覆铜管稍加弯曲，弯曲部位即出现了裂纹。

案例1 城市煤气管是在混凝土地面上进行排管配管的，其上面交叉分布着供热水管。供热水管是用玻璃纤维、铝箔包覆的。将漏水部位截取后进行了详细的研究，结果发现渗漏部位粘有铁锈。

与地下埋设层·地面有关的故障 19

供热水管的渗漏事故(示例)

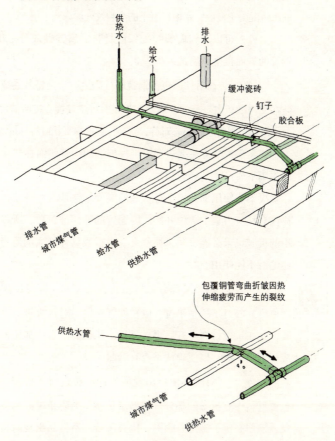

因是先对供热水管进行配管作业的,而且混凝土上面与地板面板的间隙很小,所以便将与配管交叉部位的地板龙骨切出一个凹槽。地板采用的是复合木地板,在对地面龙骨的位置进行放线后用钉子加以固定。虽然钉子将铜管穿透、生锈后并未在短时间内出现渗漏,但在入住后经过3~6个月,因地面板挠曲变形造成铜锈脱落，出现渗漏并将保温材料浸湿，由保温材料缝隙处溢出的水将混凝土浸湿，水由混凝土的小裂纹处渗漏到下层。

另外，可以看到玻璃纤维保温材料的腐蚀性成分溶出后，铜管的外面也受到腐蚀。

案例2　在对软质包覆铜管进行搬运时，是将其卷成卷儿装在瓦楞纸板内进行的。虽然在施工时可将其拽直按所需尺寸截取，但在拉拽时若不小心对待，就会拉拽成扁平状或将其折弯。

该案例的故障主要表现为出现折皱的铜管侧面在热收缩力的作用下所产生的疲劳裂纹。

决不能使用那些出现过折皱的铜管。这是因为裂纹的产生往往会从应力集中部位开始。因铜管的外部被包覆，所以出现小的折皱也未必能发现，那就会成为折皱延伸加大的隐患，因此绝对不能使用。

案例1　将渗漏部分截取后将配管复原，并将出现问题部位钉入的钉子稍稍错位。应在配管连接后对铜管进行水压试验，并在包覆材料卷好后再次进行水压试验，水压加压的时间应稍微长一些，以便确认是否有渗漏。

案例2　对所有住户出现故障的部位进行了检查，并将包覆材料中有折皱的部分全部做了更换。为防止事故的再次出现，筹划制定了施工要领书、检查项目、不良品出现时材料更换要领、作业人员的教育等计划。

集合住宅小区计划继续进行二期工程、三期工程的建设，所以自二期工程开始便将配管的通道隔开，取消了地板龙骨的交叉，直接置于地面板上。结果，避免了钉子将配管穿透事故的发生。

留置配管用空间虽然在检查设备配管时极为便利，但从木工的角度出发却非常费事，所以就提出了在浇筑混凝土时预先将地面降低，以防使地面龙骨出现凹槽的方案。这一方案在三期工程以后才得以实施。

另外，市场出现调整地面高度的铁件后，不仅可以确保地面板下面具有较大的空间，而且事故也少了。

当采用软质的包覆铜管时，应将上述的折皱作为检查项目，加强检查的力度。

[词语解释]
- 包覆铜管……生产厂家为进行隔热及防护而包覆的铜管。分盘管状与直管2种类型。

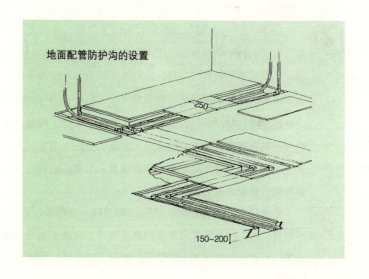

地面配管防护沟的设置

6　不保温的埋设铜管

▶铜管的外表面腐蚀与内表面腐蚀◀

因水表显示的用水量异常多，所以单身宿舍的管理员提出进行核查的要求。

虽然对那些可以通过目视加以确认的水箱存水量故障或有无存在异常之处等部位进行了调查，但却未找到原因。据管理员说1层浴室洗浴处的地面就没有干爽的地方，于是便对该处进行了水压试验。

经水压试验后并未发现给水系统有异常之处，故又继续对供热水系统进行了水压试验。结果发现压力表的指针不往上升，方知存在渗漏问题。于是将地面凿开，发现供热水铜管出现裂纹。

虽然供热水铜管是用带有沥青黄麻布带缠绕的，但因是埋设在炉渣混凝土内的，所以便被由浴室洗浴处地面的浸透水洇湿。

当炉渣混凝土中含有硫磺等成分时，一旦处于湿润状态，硫磺就会被溶解在水中而成为腐蚀媒作用于铜管，所以铜管就产生了应力腐蚀裂纹。

当发泡剂中含有氨时，如果轻质混凝土也处于湿润状态，氨溶解后就会作用于铜管，并产生应力腐蚀裂纹。

另外，当沥青黄麻布带中含有焦油时，也有可能对铜管有所腐蚀。

与地下埋设层·地面有关的故障 23

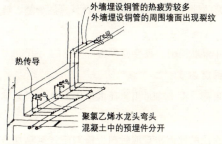

浴室内配管渗漏原因(示例)

外墙埋设铜管的热疲劳较多
外墙埋设铜管的周围墙面出现裂纹

热传导

聚氯乙烯水龙头弯头
混凝土中的预埋件分开

厌恶阴雨天气

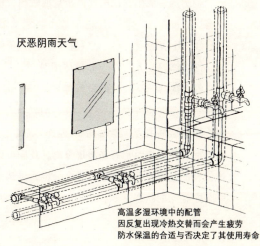

高温多湿环境中的配管
因反复出现冷热交替而会产生疲劳
防水保温的合适与否决定了其使用寿命

为使铜管能够抵御来自潮湿混凝土的腐蚀侵袭，应对铜管进行绝缘处理。

具体方法如下：

① 为防止洗涤或洗浴用水流到地面上，浴室及厨房等应避免将铜管埋设在地板内，而应采用顶棚配管。

② 可使用具有耐水性的包覆铜管。但是，当采用埋设供热水管时，应对因温差产生的伸缩量进行吸收处理。

③ 应采用槽坑内配管方式。

④ 用对铜管没有腐蚀性的胶带将铜管进行认真的缠绕，缠绕时不得留有缝隙。

当地面处理呈干燥状态时，就会减少出现问题的几率。

● **铜管的内表面腐蚀**

供热水管的内表面渗漏大多是由水质的原因及施工质量的原因引起的。

（1）当铜管因水质的原因出现腐蚀时，应对下述事项加以注意：

① pH 值　　　　　④（在水中的）溶解氧
② 氯离子　　　　　⑤ 单体碳酸
③ 硫酸离子　　　　⑥ 温度

特别是对含单体碳酸较多的部位，应进行充分的水质管理。单体碳酸含量较多的水一经加热后，气体就容易出现分离，而且压力低时也容易出现分离。我们可以看到当将装有清凉饮料的瓶塞打开时碳酸气就会分离，供热水管内所出现的就是与之相同的状态。

当容易出现气泡分离的水在管内快速流动时,就会因弯曲部位及凸起物而引起紊流,这样铜管的保护膜就会在气泡与水的力学作用下受到破坏,以致造成渗漏。

(2) 因施工的原因引起的渗漏有以下几种情况:

① 在对软质的包覆铜管进行弯曲加工时,产生了因弯折造成的皱折。

② 接头连接部位的钎焊对周围的墙壁等造成损害,因狭窄、加热不足及嵌入角度不正等,焊料未能填实。

③ 因接头连接部位过热而使钎焊流入管内。

④ 因管和接头的表面粘有油脂等粘附物,造成钎焊不良。

⑤ 因配管变形造成与接头的间隙不良。

⑥ 接头的嵌入不足。

即使供热水管的水压试验合格,但在温度变化的作用下,配管伸缩的力、管圆周方向的膨胀收缩、配管厚度的膨胀收缩而致使接头产生裂纹。

当采用钎焊时,如果将接头加热,以图将焊料嵌入接头内,就会被管内的加热空气推回。在嵌入不足的同时,焊料内产生气体,当热水通水后便产生了渗漏。

[词语解释]
- 浮球阀……利用水箱内浮球的浮力可以自动止水的器具。
- 钎　焊……将软质金属熔化后填充在金属的缝隙内。
- 流　入……剩余的软质金属自金属的缝隙流入管内的一种现象。

7 "误入歧途"的污水

▶由横管内的空气阻力引起的水位上升◀

在集合住宅中,有色的污水流入大便器,而且有时流入大便器的也有固形物。令人感到不快的是流入大便器内的污物根本不是自家倾倒的污物。所以要求就采取措施一事进行协商并给予解决。

配管材料是将用于排水铸铁管的铸铁管接头组合后使用的,在立管下部的弯曲部位采用了2个小弯管。当排水量多时排水就会出现停滞,所以下层的空气流通就会受到阻碍,产生压力变化。另外,就是通往大便器的污水管的连接坡度为逆向坡度也是其原因之一。

因大便器的污水连接管为挠性管,所以便对地面高度进行了修改。另外,通过将立管的下部变更为两个45°弯管解决了问题。

虽然可以观察到排水管内的水是沿着配管的内壁流下的,但这只是压力升高的空气可以冲破配管中心部位时的一种状态。当大量的水流下时,可以观察到水由配管的中心部位落下。这样,水流的形态就会因水量的不同而有所变化。

就像在大量水流下的瀑布内侧有空气存在那样,即使排水管内有大量的流水通过,但若在横管的汇流点上设置挑檐状的凸起,那就会像瀑布那样形成相同的空间。目前有可以有效利用这种现象的排水管接头。另外,还有各种可产生旋转流的单管式排水通气方式。

大便器内泛出上层住户倾倒的带色污水

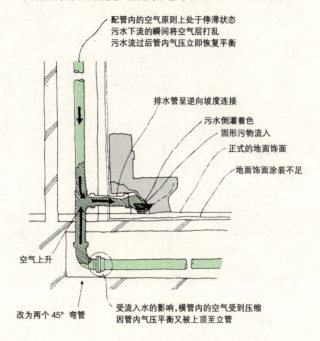

- 配管内的空气原则上处于停滞状态
- 污水下流的瞬间将空气层打乱
- 污水流过后管内气压立即恢复平衡
- 排水管呈逆向坡度连接
- 污水倒灌着色
- 固形污物流入
- 正式的地面饰面
- 地面饰面涂装不足
- 空气上升
- 改为两个45°弯管
- 受流入水的影响,横管内的空气受到压缩
- 因管内气压平衡又被上顶至立管

[词语解释]

- 水　封……卫生洁具或排水系统中的一种装置,该装置内存有一定的存留水。
- 回水弯管(水封深)……内置于卫生洁具或作为其附件使其内部存有一定存留水的装置。
- 单管式排水通气方式……双管式是指排水立管与通气立管呈平行竖立;而单管式的排水立管也具有通气立管的作用,是利用特殊的排水通气接头用一根配管进行排水通气的方法。

  特殊排水通气接头中包括集合式管接头、SEXTHA接头、粗弯管接头、中心接头和阿姆斯接头。

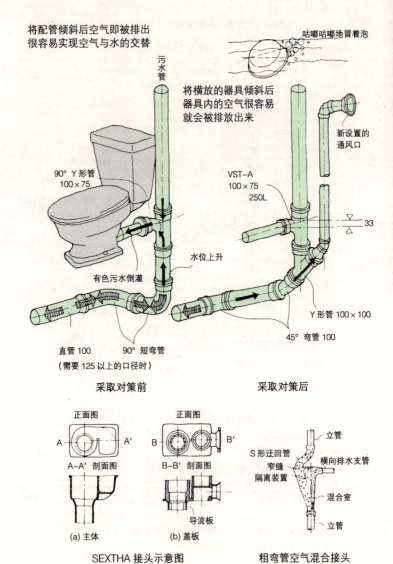

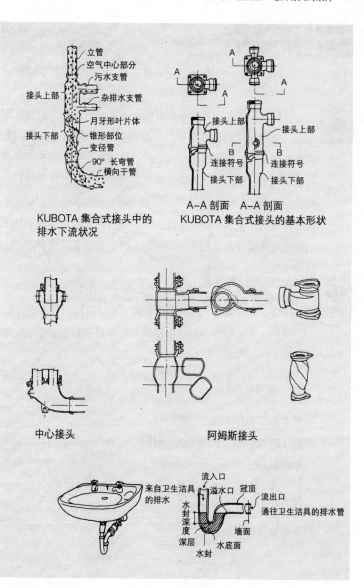

8 强行施工导致全馆停电

▶决不可无视来自"预知危险"的警告◀

入住一层的承租者是一家餐馆,餐馆的下层便是超高压配电室,为此曾有人提出将厨房设在此处十分危险。但因位置、面积等条件均非常合适,所以全然不顾劝告提到的后果强行进行施工。当时承租的条件是绝对不能用水对厨房的地面进行冲洗。但在租用1年零10个月后,便开始出现水由设置在地板上的万能插口处浸入并经过埋设在混凝土内的配管后自地下层的烟感器处渗漏并流入断路器的故障,所以管理人员便切断了全馆的主开关。

因下层是超高压配电室,排水管无法在下层的顶棚内配管,所以必须设置防水层,在地板的上面进行横向管的配管。

这样,在将厨房内的排水管安装完毕后再设置排水沟,地面就需要加高30cm。

但是,因配管不仅会高于客人就餐席,而且也会高于服务台,故其作业性差,所以便将客人就餐席的地面加高了10cm,将服务台前的椅子加高了20cm。

在厨房与客人就餐区之间设置了弹簧门。尽管门槛比厨房的地面高出了10cm,但对地面进行清扫时却采用了用水冲洗的方式。由于无视当初的约定条件,冲洗用水漫过门槛。久而久之便积存在客人就餐席地板的下面,通过电线管渗漏到下层超高压配电室的变压器上。

无理若能走遍天下,有理就会寸步难行

电气室上层的餐馆入住。
虽然要求厨房地面不得用水冲刷但却置之不理,
厨房地面的冲洗污水
由弹簧门的门槛四周流到地板的下面。

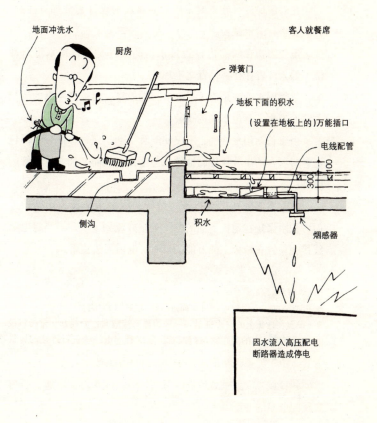

撤除部分厨房设备，将防水层边缘的立墙延至服务台的下端，并将门槛加高5cm。在厨房设备的底部设置了挡水堰，并提出了必须用拖把进行擦拭的要求。

尽管下层是配电室，且绝对不允许将厨房设在配电室的上一层，但在承租者招募中优先考虑的条件往往是地理位置。

在对厨房进行施工时，应对防水层的设计充分加以注意，并认真进行满水试验。

虽说当初在厨房内设置排水沟的条件是不得用水进行冲洗，但入住者往往都是置之不理。

尽管用水冲洗是为了提高清扫的效率，但却因草率的清扫方法而发生了意想不到的事故。

由于长期用水冲洗，不仅使配管受到了腐蚀，而且还因包覆材料所含的水分致使腐蚀性成分溶出，从而又加速了配管的腐蚀。

在本案例中还出现过下述故障：因客房地面为木结构地面，积水聚集在地板下面的空间处，并流到了下层。当将电话线接在设置在地板上的万能插口时，电话无法接通。

[词语解释]
- 拖把擦拭……用湿拖把对地面进行擦拭的清扫方法。
- （设置在地板上的）万能插口……也称为接线盒，分线盒。是指将设置在地面的配线管与配线管、配线管与电线管进行连接的铸铁制线盒。

2 与管道井·墙壁·卫生间
有关的故障

9 "厌恶"弯曲的立管

▶由空气与水的交替所引起的混乱◀

1 上下层配管用管道井的位置不同,从总管道井分支后在其他位置设置管道井后即发生了排水功能故障,接近立管下部的横管连接的回水弯管水封泛起。

2 在单管式排水通气方式中,即使最下部的弯管是在一层的顶棚内进行配管的,但仍发生了排水故障。

案例1 若将排水管内的水与空气的流动状况加以分析,可归纳为下述几种情况:

① 当排水管为空管时,管内充满了空气,而且只要温度没有变化,空气就会停留在原来的位置。

② 只要排水流入立管,瞬间就会在汇流点产生压力变化。

③ 立管内的空气与水很容易进行交换,而在横管内就很难出现交换。

④ 立管内的水流会受重力作用的影响,即使受到停滞空气的阻力后也会快速落下。

⑤ 当立管最下部的弯曲部位受到撞击后就会减速,但因会快速流入横干管,所以空气就会被压缩。

⑥ 只要将横干管内的空气压力增高,就会使立管形成逆流平衡。

⑦ 将横干管内的空气排向立管的途径是通气管。

与管道井·墙壁·卫生间有关的故障

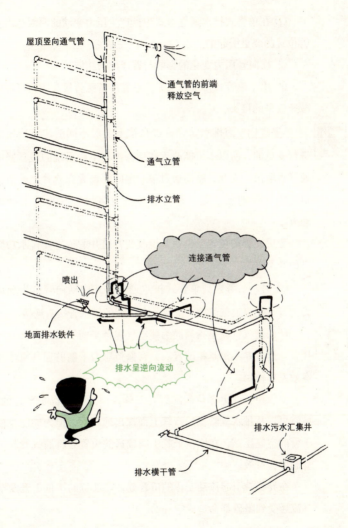

案例2

① 在单管式排水通气方式中，产生压力变动的原因是由立管位置的变更引起的。

② 横向管压力变化的影响与普通配管相同。

③ 用于单管式排水通气方式立管的特殊管接头应为可发挥减速效果的接头。

案例1　因排水立管位置是按上下层不同的建筑物用途进行变更的，所以不可能改为在顶棚内将下层系统的屋顶竖向通气管取出。为此，就需通过按一定间距设置在立管上的清扫口将通气管朝上立起，并将管弯头封堵设置在靠近室外的地方。

变更立管的位置，也就是说改变管道井的位置在排水功能方面并不理想。

案例2　考虑到单管式排水通气方式中横向管会出现压力上升，便将通气管朝上立起，与上层的排水管接头连接。

所谓通气管就是指通向为使空气保持平衡所设开口部的连接管。这些并不都是粗配管。只有保持压力平衡的通气管才能有效发挥作用。

立管位置变更部位的配管在双管式中通气管也是平行的。虽然可以从排水立管低处弯管上面探出通气管，但为能防止横干管的空气压缩，在距横干管中间较远的位置处将通气管朝上立起才会有效。

在异径管引起流动变化的位置处，该部位的水位上升及空气流通受到阻碍都会造成空气的压缩。

与管道井·墙壁·卫生间有关的故障

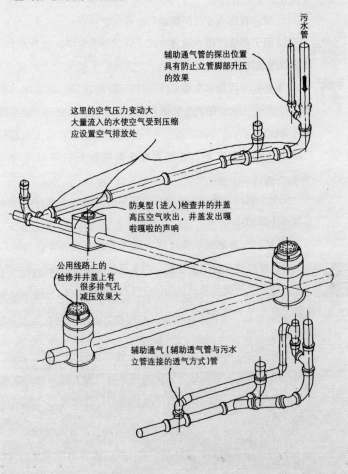

10 无法进行清扫的排水管

▶位于单元房的专设部位：更换困难◀

1　考虑到采光、通风、卫生方面等因素，一般集合住宅的居室都被设计成窗户朝外的"明间"，而浴室、厨房、卫生间等则被设计成位于单元房中间部位的"暗间"。这样一来，排水管及通气管就被置于管道井内，因而也就无法对排水立管进行清扫了。

2　对外出租写字楼的设计也与集合住宅一样。管道井的检修口不能使用。

另外，因上层格局的改变，在进行与水有关的配管以及更换配管时，不仅需要清楚下层承租者房间的格局，而且在施工上也存在一定的难度。

案例1　在集合住宅的平面设计阶段，给水管及煤气管都是按照给水、供气的规定在朝外的部位进行配管并安装水表、煤气表的。为此，给水管、煤气管就需要设置在靠近走廊侧以及楼梯间侧的部位。

但是，一般往往都会在位于单元房中间部位的管道井内对排水管进行配管，而且还有排水管位置的原因。另一方面，排水管需要有一定的坡度，但是确保浴室、厨房、卫生间等的坡度就只能被限定在地板下高度有限的空间。由此可见坡度不良引起的排水功能障碍大多均源于此，所以配管的距离应尽可能短一些，而且也不得不将排水立管设在单元房间内的专设部位处。

与管道井·墙壁·卫生间有关的故障

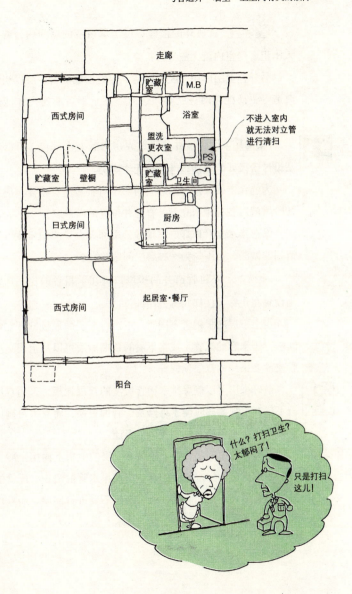

案例2　管道井的检修口位于承租者的房间内，若不进入承租者房室内就无法进行检修。

另外，上层所用的配管就是下层的顶棚配管，所以当通过改造等更换配管时，就必须进入下层承租者的房内才能进行施工。

案例1　因管道井位于单元房内的专设部位，所以若不从设计阶段开始便加以考虑就无法解决。

为能在走廊及楼梯间等公用部位对管线进行检修，应在设计阶段就对装有排水立管的管道井位置加以考虑。

像在排水立管顶部的屋顶等公用部分设置清扫口便可进行清扫的做法，也不失为一种解决问题的方法。

案例2　不将管道井的检修口设在承租者的房间内，而是设置在走廊及楼梯间等公用部位。

当上下层的承租者不同时，可以将上层的地板掀开在该空间进行排水管的配管，或将下层的顶棚做成可以从上层更换配管或改变格局的双层顶棚等。

最好采用可以确保排水横管坡度的双层地板。采用双层地板不仅在出现渗漏时便于维修及配管的更换，而且因可确保坡度而减少排水不畅并使功能得以保证。

另外，考虑到集合住宅中最下一层的地板下面用土砂等进行的回填对日后排水坡度的确认以及排水管的清扫、配管的更换等都会带来一定的麻烦，所以最好不要进行回填。而且也有利于防止排水管地基沉降引起的排水不畅。

与管道井·墙壁·卫生间有关的故障 41

无法从共用部分进行清扫
住户专用部位管道井内立管的清扫口

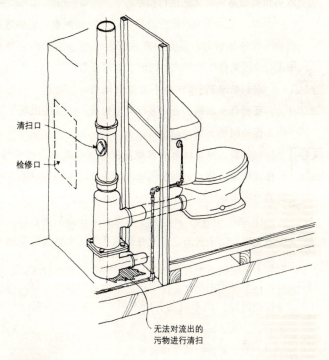

清扫口

检修口

无法对流出的
污物进行清扫

11 冻害是发生故障的罪魁祸首

▶水表也需防冻害◀

高层集合住宅管道井内的水表被冻后损坏。

水表被冻集中发生在特定的区域内。

要求自来水施工公司进行紧急抢修,而且还出现了影响其他工程的问题。

在气温达冰点以下的地域发生冻害事故的当然会有很多,但在高层集合住宅中因寒风带来的冷却效果而造成冰冻时间缩短的也很多。

作为防冻措施,即使对水表进行了保温处理,但如果门未安装完毕、门未关闭、门上有通风孔等,水表都会受到风冷却的影响。

因地域的不同,冬季寒风刮来的方向也不一样,而风向的变换则因地势的不同而有所不同。所以预先即应进行充分的调查。

一般1m/秒的风速可使温度降低1℃。

水表一旦通水,就无法将水抽出;但若对满水状态置之不理,水表就会处于半冻结状态,而且水表内的齿轮浮起后就会使轴承出现位移,即便以后化冻后也无法正常工作。完全冻结的水表,玻璃会出现破损。

与管道井·墙壁·卫生间有关的故障 43

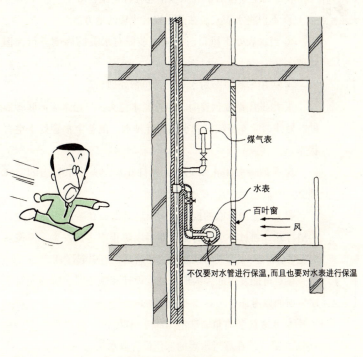

煤气表
水表
百叶窗
风

不仅要对水管进行保温,而且也要对水表进行保温

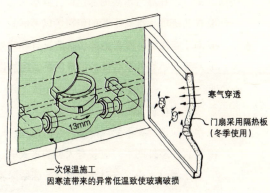

寒气穿透
门扇采用隔热板(冬季使用)
一次保温施工
因寒流带来的异常低温致使玻璃破损

竣工前主要应对水表采取下述几种措施：

① 不得将水表安装在门未安装完毕的地方。

② 当水表处于风口时，应事前即对水表的周围进行保温处理。

③ 应用塑料罩布对水表进行包覆处理。

④ 当发出低温预警时，应拧紧水龙头，拧松水表的联管螺母。另外，应安装配管泄水阀进行排水，使整个水管处于空管状态。

⑤ 平时应关闭止水龙头，并打开水龙头将水管内的空气排空。

竣工后应当采取的措施为：当遇有低温预警时可将水龙头稍稍打开，通过小水量的流动即可以防止冻害的发生。但像双职工等家中经常没人的家庭事故率就高，应引起注意。

在对可能发生冻害的地域进行设计和施工时，应预先对下述事项加以考虑：

① 水表应装有聚氨酯泡沫的专用罩。

② 最好能在靠近水表的部位设置泄水阀。

③ 按防冻的标准对配管的包覆予以考虑。

④ 对于与结构体接触的部位，应进行隔热处理。

⑤ 对于支承铁件及管箍的散热问题，应加以注意并进行隔热处理。

⑥ 应提出尽快安装管道井井门的要求。

⑦ 水表应选择在不受风冷却影响的位置。

⑧ 设置在室外的水表应装有大型的水表罩。

⑨ 对于埋设水表，应对寒冷地域的冻结深度进行调查。

与管道井·墙壁·卫生间有关的故障 45

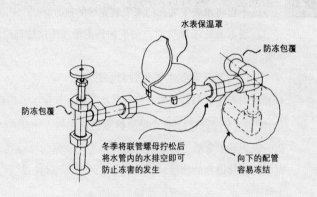

在寒冷的 K 市,水表箱内也垫有防冻垫
口径 40mm 以下水表的设置要领

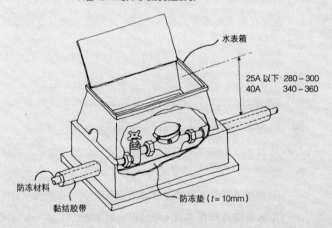

12 事故源自于检修口门的开启

▶一定要注意检修口的位置◀

1 位于卫生间管道井的检修口（FL + 约 0.5m 左右）与清扫用污洗池相碰无法打开。

2 在进行维修工程的拆除作业时发生了因给水管破损引起的跑水事故，故欲将给水阀门关闭，但怎么也找不到装有阀门的管道井的检修口。跑水造成的损失惨重，最后只得将全楼的给水主阀关闭进行抢修。

3 设置在地板上的检修口无法打开。

案例1 管道井的检修口安装在男厕所内清扫用污洗池的旁边。该检修口是为对给水止水阀及供热水、回热水止水阀进行操作而设置的。

检修口恰好设在了与清扫用污洗池相碰的位置上。另外，检修口左右开闭的方向也设错了，所以无法打开。

案例2 大楼的管理人员根据图纸对位置进行核实后发现，检修口设置在事务所内，因检修口的前面挡有书柜所以无法打开。

案例3 地面检修口无法打开的原因如下：

① 因要求与地面饰面一致而专门订购的地面检修口有反弹声，用腻子将其周围填充后检修口的门即被封死，所以无法开闭。

② 检修口的黄铜把手因强度不足而出现破损。

③ 因检修口太重，所以在用撬棍撬动时将其损坏。

④ 无视（进人）检查井的井盖开闭方向的提示，开闭时朝相反方向旋转，所以无法开闭。

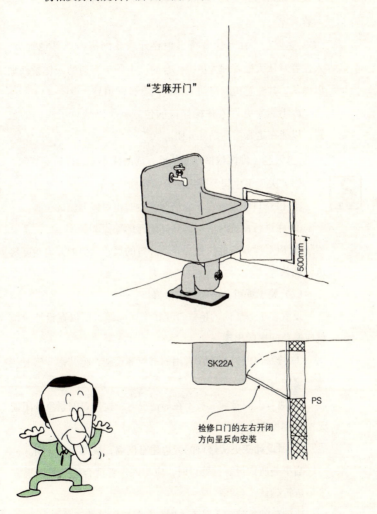

对策

案例1　先将清扫用污洗池拆除后将检修口剔除取下，更改检修口门的安装方向并将墙面修复后，再将清扫用污洗池安装复原。

案例2　让入住者将书柜移开摆放到房内的其他地方。入住者对从大楼管理人员提供合同书中关于当初的入住条件加以确认，并注意检修口前不得遮挡有日常用品、设备等。

因不能变更管道井检修口的位置，所以变更了阀门的位置，以能在走廊的顶棚处开闭。

案例3　地面检修口是从已有成品样本中选择后安装的。

建议

(1) 关于卫生间等公用部分的检修口：

① 检修口应设置在紧急情况发生时也可以开闭的位置。

② 在进行设置时应考虑到开闭时的操作姿势。

③ 应对检修口的位置、有效开口的尺寸、门的开启角度等进行确认。

(2) 关于承租者房间内的检修口：

设置在事务所内的检修口存在下述问题，所以在设计阶段就应避免问题的出现。

① 检修口前挡有入住者用的书柜等设施，将其搬开需要花费一定的时间。

② 遇有夜间管理人员不在等情况时，检修口的紧急开闭就无法得到保证。

③ 因设计变更检修口的旁边建有侧墙，故而无法开闭。

当事务所内设有检修口时，应与入住者就合同条件的遵守事项进行确认。

应就夜间等管理人员不在时如何处理问题进行协商。

(3) 关于地面检修口：

① 地面检修口的井盖与外框之间应采用不受细砂及尘土影响的结构。

② 应选择轻型、不曲翘变形的结构。

③ 检修口的把手应选择结实、耐腐蚀的把手。

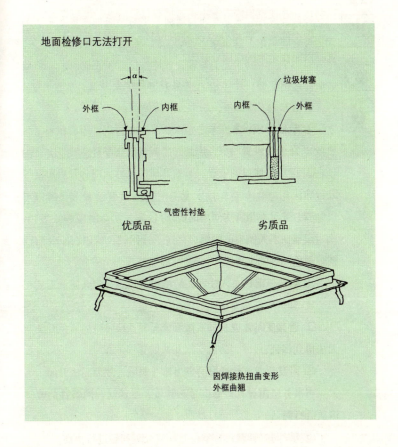

地面检修口无法打开

13 智者千虑必有一失

▶**不可掉以轻心的配管末端**◀

因安装水龙头的墙面多处渗漏而发生索赔。

经调查发现,水龙头座与墙面不平行,施加在水龙头座与管接头之间衬垫上的压缩力产生偏移,导致止水性能下降。

因本案例中的水龙头弯管的管接头位置不正确,所以将墙壁凿开取出配管,在正确的位置上更换了水龙头弯管的配管,并将墙壁复原。

安装水龙头配管的管接头的固定位置必须正确。在施工阶段就应对水龙头座与墙壁饰面的间距、平行性进行认真的检查。

当采用冷热水混合式水龙头时,因设有联管节,所以可以随意安装。但采用软质的配管材料时,就会出现螺纹溢扣。当对铜管进行硬钎焊时,因在高温作用下会出现软化·脆化,所以就会出现螺纹溢扣。应采用低温钎焊。

水龙头安装部位的渗漏原因大致如下:
① 管接头与水龙头座的间距不合适。
② 管接头与水龙头的安装面未呈直角。
③ 因调整尺寸,造成了水龙头的螺纹溢扣。
④ 调整尺寸用加长套节的紧固不良。
另外,一般采用加长套节的居多,且接缝的紧固力不足。
⑤ 加长套节上有铸件砂眼。
⑥ 加长套节的材质不好,容易产生裂纹。

与管道井·墙壁·卫生间有关的故障

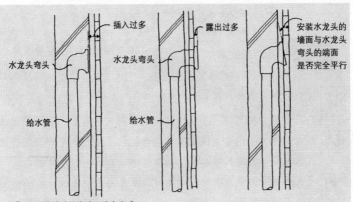

① 沿墨线铺贴的瓷砖还没有完成
② 还没有沿墨线进行配管
③ 墙壁厚度不足,钢筋碍事无法放入

墙面配管端末处理要点

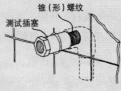

确认配管的角度
管端密封处理
确保配管用容积
预知加长尺寸
确认安装位置

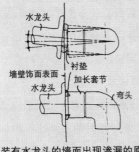

装有水龙头的墙面出现渗漏的原因

各种水龙头的螺纹与管接头的螺纹不匹配
弯头端面与墙壁上面尺寸的调整不好
弯头端面与墙壁饰面表面的平行性不好
调整尺寸接头的材质强度差(出现裂纹)
衬垫的材质不好·压缩的回弹性不足

① 材质不好

- 黄铜制的材料容易产生裂纹
- 凸缘连接为薄壁

② 复数加长套节·断裂

- 断裂造成的强度降低
- 紧固强度不足

③ 偏心·尺寸的适配品

青铜制
偏心尺寸 5～20mm
5mm 螺距的有多种

④ 尺寸适配品

青铜制
有效尺寸 20～50mm
5mm 螺距的有各种

⑦ 管接头与水龙头的螺径不符。

⑧ 密封材料的咬入不良。

⑨ 配管螺纹溢扣。

⑩ 对配管进行水压试验后安装了水龙头，之后未再次进行水压试验。

尽管对配管进行了水压试验，但由水龙头的安装部位出现的渗漏大多是因水龙头安装面与进行水压试验的配管前端管接头端面未完全平行造成的。如果安装墙面与水龙头座间存在一定的角度，衬垫受到的压缩力就会产生偏移。很多渗漏的原因就在于此。

在管接头的端面与水龙头座的缝隙处插入衬垫，通过螺纹的拧入力可将衬垫压缩，并通过其回弹力而进行止水。

衬垫的性能包括适度的吸水性，虽然具有吸水膨胀性质的麻纤维可以发挥效果，但因麻纤维不具高温耐久性，所以一般不被采用。代之而用的是以聚四氟乙烯树脂为基础的薄板材料。聚四氟乙烯树脂虽是一种耐药品性、耐热性的理想材料，但吸水性则接近于零，而且因不会受有机溶剂的侵蚀所以没有黏结力。因此，如果不将缝隙进行充分的咬合就没有效果。

在配管的水压试验阶段，应尽可能地将配管延长到最终位置，而且虽然没有必要使用加长管节等，但却是防止漏水的要领。

拧入水龙头的管接头使用的是管用锥（形）螺纹 JIS B 0203 中的平行内螺纹。

管用锥（形）螺纹是一种以螺纹部位的水密性为主要目的的螺纹，非常适用于水龙头。

另外,与接缝接合并不矛盾。应对管接头进行充分的固定。

当在不锈钢钢板、聚氯乙烯衬里钢板等薄板上安装水龙头时,为将水龙头接头插入薄板,应在接头的外侧加工出螺纹,并用两个螺母进行紧固,将其完全固定。

当用于水龙头安装的接头凸出墙面时,必须以不截断为前提进行水龙头的安装。当水龙头与墙面之间出现缝隙时,可以用装饰垫圈进行校正。

[词语解释]
- 配管用锥(形)螺纹……为日本工业标准(JIS B 0203)中的标准品,在与配管、配管用零部件、流体设备等的联接中,以螺纹部分的水密性为主要目的的螺纹。

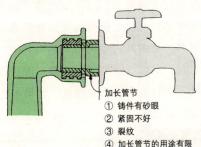

加长管节
① 铸件有砂眼
② 紧固不好
③ 裂纹
④ 加长管节的用途有限

※不能将水龙头的螺纹部分截断

14 无法进行更换作业的电热水器

▶考虑到可对设备进行更换的设计◀

 因需要对电热水器进行更换而来到现场,但因有墙壁及门所以只有将配管截断拆下后才能将主机取出。

集合住宅的各单元房间内正在进行内装,而且高档壁纸也已经贴好。如果对用于墙壁拆除以及墙壁复原所花费的时间及费用加以考虑的话,那么仅是那些提出的报价就会令人感到后悔不已。在征得所有者的谅解后将其拆除。复原费用不包括在内。

 在电热水器的安装阶段,无论是将其搬入还是配管的连接都十分容易。当将电热水器搬到安装部位后,即设置了间隔墙及门。

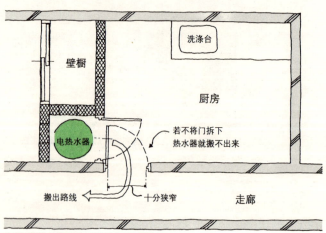

也有不毁坏内侧砌块就无法进行更换的情况

与管道井・墙壁・卫生间有关的故障 55

生者必灭・考虑更换的途径

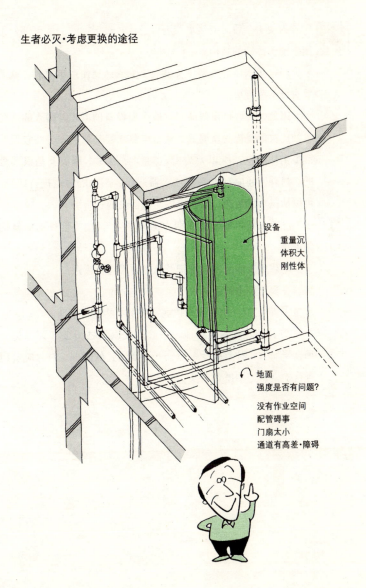

为便于今后对电热水器进行更换,对于拆除的墙壁部分采用了便于拆卸的结构。

当电热水器等大型设备出现故障或已到使用年限时,就需要对设备进行更换。

因此,在设计阶段便对以后大型设备的搬出、搬入的途径等做出决定是极为重要的。通常电热水器都是被安装在较低的混凝土地面上,所以要想把电热水器抬到木地板上是很困难的。另外,还应对确保电热水器搬出、搬入的通道进行研究。可以从拱形的出入口、狭窄的走廊等处通过。

电热水器主机的保修期为 1~2 年,其他零部件的保修期为 1 年。

电热水器应经常在维护及修理方面进行检查。

主要可例举如下:

① 应定期对沉淀在主机底部的沉淀物进行清理。

② 为防止罐体被腐蚀,一般多配以牺牲阳极(为保护一种金属而另一种金属受腐蚀——译者注)的附件。对此应定期进行检查,定期进行更换。

15 可"随机变通"的火灾喷洒装置

▶既符合法律法规又能与各种变化相适应的绝好措施◀

案例

　　1　在仓库（总建筑面积约2400m²）的确认申请中被认定为是无窗层，从消防的角度出发有必要设置火灾自动喷洒装置。

　　2　自动喷水灭火系统喷头的安装位置出现障碍，并发生了索赔事件。

原因

　　案例1　虽然除《消防法》外，还有各城市《条例》规定的法律法规，但因在设计阶段没有进行充分的调查，以及疏于检查才出现了上述问题。

　　案例2　主要有下述各种原因，应对此进行充分的协商、研究。

　　① 设置在避难楼梯处的自动喷水灭火系统喷头妨碍了门的开关。

　　② 承租者已确定并开始进行间隔墙工程的施工，但自动喷水灭火系统喷头的喷洒却出现了故障。

　　③ 地下商业街的餐厅已开始进行改建工程的施工，但在向消防署提出变更自动喷水灭火系统喷头位置的申请时，正值《法规》的修改时期。客人就餐席部的自动喷水灭火系统喷头的间距为2.1m，厨房自动喷水灭火系统喷头的间距为1.7m以下。

　　④ 当商店设置商品陈列橱时，因陈列橱高度的关系，安装在顶棚的喷头出现喷洒故障。

与管道井·墙壁·卫生间有关的故障

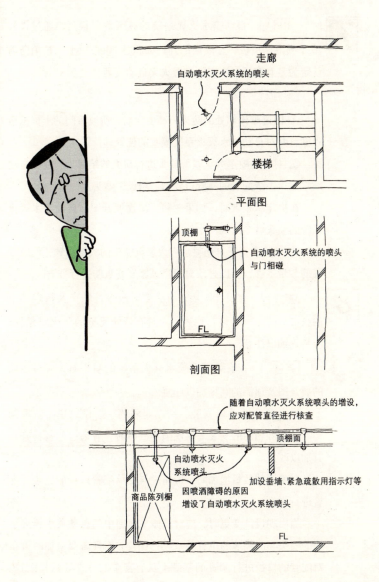

[对策] 案例1　自动喷水灭火系统的施工费用很高，通过设置10个喷淋调节板，且墙面的开口面积达 80m² 以上，被消防署认定为是有窗层，不需要设置火灾自动喷洒装置。

案例2

① 因避难楼梯处的防火门高度太高，所以将门的上框抵至顶棚，并对自动喷水灭火系统喷头的位置进行了变更。

② 对自动喷水灭火系统喷头进行研究的结果为：变更自动喷水灭火系统配管的支管口径后，增设了喷头。

在决定承租者时，如果忽略了墙面展开图，自动喷水灭火系统的喷头就会出现洒水故障。

③ 虽然进行了自动喷水灭火系统喷头的大样布置，但因设置的数量不够，所以必须对通道顶棚干管重新进行分支。

[建议] 案例1　在设计阶段，有必要对政令性城市及特定城市的火灾预防条例等进行调查。对具有特殊用途的防火对象物，应特别加以注意。

案例2　在安装自动喷水灭火系统的喷头时，应对墙面的展开图及顶棚的高度加以注意。

当发现顶棚垂墙安装、新设间隔墙、新设风道、新设棚架、商品陈列橱的安装等出现喷洒故障时，应通过监督检查劝其加以改进。

当喷头的数量增加时，可通过与支承配管口径的比较对配管进行更换。

当出现设计变更时，应对顶棚平面图中的自动喷水灭火系统的喷头与间隔墙的位置关系进行比较，而且需要追加时可在对配管的口径进行调查的基础上从有富余的分支处延长配管。

当附近的配管口径没有富余时,应由最近的干管开始进行分支。但因配管是在铺贴顶棚之前进行施工的,所以应尽快对设计变更做出决定。

为确保安全,应优先对功能加以考虑。应将遵守法律法规放在第一位。

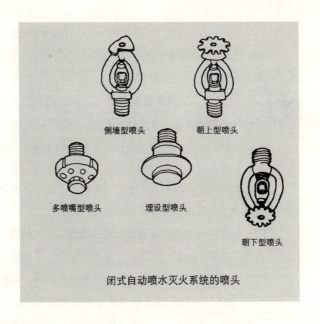

闭式自动喷水灭火系统的喷头

16 "危机四伏"的蹲便器

▶ 由不同原因引起破损的陶瓷器 ◀

1　在施工的过程中,蹲便器回水弯管的底部被损坏,水渗漏到下层房间。

2　在混凝土收缩的作用下,蹲便器损坏。

3　蹲便器冲洗放水阀的冲洗管出现渗漏,水流到地板上并渗漏到下层房间。

案例1　因蹲便器是在防水工程之前进行安装的,所以后续作业造成破损的危险性较大。

虽然安装防护盖的主要目的是为了防止蹲便器被污损,而实际上对防止破损也有很大的作用。但是在进行作业时因嫌防护盖碍事而将其拆下的人也屡见不鲜。这时,小物件的掉落及支架的磕碰等均会造成大便器破损。

在这种情况下,由于会出现因后续作业人员的失误而造成破损且外表不易看出等情况,因此在装修工程结束后直至对大便器进行清扫时,直到出现渗漏才发现大便器已有破损。

案例2　安装蹲便器时使用的是陶瓷材质的大便器,如果安装后未将缓冲材料卷起,大便器便会因混凝土的收缩而产生裂纹。

最近为能与防水层相适应,采用了一种可在事前先对缓冲材料进行熔敷加工的材料。

切不可公然行窃
陶板之下为他人领域

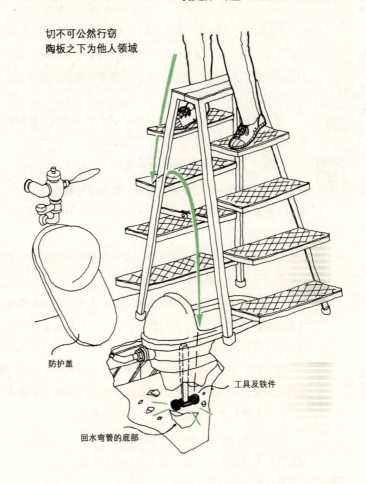

防护盖

工具及铁件

回水弯管的底部

这时，因安装固定大便器的砂浆中水泥所占比例较多，所以陶瓷与地面的黏结力就会增加，并被完全固定。随着时间的推移，混凝土便会干燥收缩，致使陶瓷破损。

案例3　大便器冲洗放水阀的冲洗管使用的是排水铅管，并缠有两层防腐带，但因有的部位缠绕得不好，该处被腐蚀后即出现渗漏。另外，因防腐涂料的涂刷也有未涂到的部位，所以该部位很快就会受到腐蚀。

因冲水用的铅管被钉子穿透但却全然不知而引起渗漏的事故也很多。

案例1　因蹲便器被埋设在地板下，所以费用很高。蹲便器的安装一结束，就应将泡沫材料作为缓冲材料填充到大便器内，并在上面安装防护盖。另外，防护盖最好采用耐冲击性的树脂材料。

当出现破损时，应迅速联系，及早更换。即使进行了遮盖或砂浆抹灰处理，也无法止水。

案例2　用安装用砌块对蹲便器进行了更换。如果采用安装用砌块，那么如果大便器出现裂纹，更换起来也会简单得多。

蹲便器采用的是将缓冲材料熔敷加工的材料，安装固定蹲便器的砂浆用的是作为贫配比砂浆的粗砂，采用了安装用砌块，并在配管的连接部位预留了一定的空间。

案例3　应将蹲便器冲洗放水阀的冲洗用配管材料改为耐腐蚀性的硬质聚氯乙烯管后再进行配管作业。

从蹲便器的安装阶段开始，就有许多需要注意的事项。

① 安装的方向。

② 应对安装的位置进行确认。

③ 安装的高度。

④ 需对防水层进行处理。

⑤ 回填砂浆的配合比与施工。
⑥ 冲水用配管材料、施工法以及漏水检查方法。
⑦ 防护方法。
⑧ 应对污损、破损的状况进行确认。
⑨ 发现破损后应进行的处置。
⑩ 与防水、装修工程施工公司的调整。

这些措施必须在施工的过程中进行。

蹲便器的故障

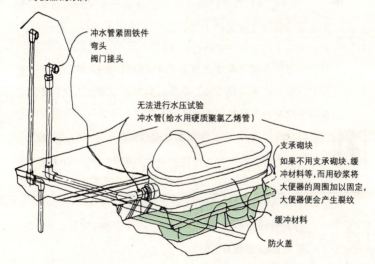

17 便器也有"人权"

▶下部结构改变了大便器的位置◀

`1` 蹲便器的安装位置位于下层的梁、间隔墙的上面，无法进行安装。

`2` 坐便器安装用配管与下层的梁、间隔墙相碰，无法进行配管。

案例1 虽然对下层的梁、间隔墙进行了研究，但在设计阶段却没有进行确认。

案例2 虽然在建筑平面图中可以将坐便器放进去，但因排水管正好在大梁的上部，所以无法向下进行配管。而且，也没有对下层梁的位置进行确认。

另外，在需要安装横向排水管坐便器的卫生间，因坐便器与间隔墙相碰而无法安装。坐便器的种类很多，不同种类的坐便器中也有因形状的因素放不进去的。

案例1 提出设计变更的要求后，改变了小梁的位置。

除此之外，在通过对设计变更进行研究，还可以采用下述各种方法：

① 改变蹲便器的位置。

② 改变地面的高度后便可以装下。

③ 将蹲便器改为坐便器。

与管道井·墙壁·卫生间有关的故障 67

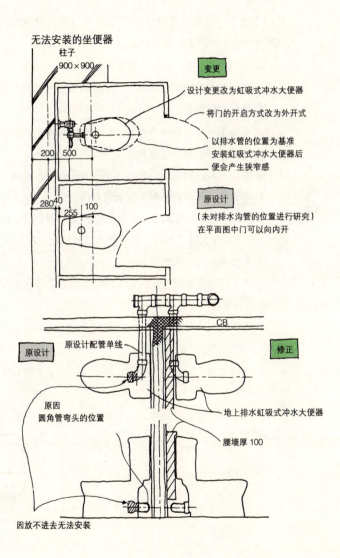

案例2 将排水管的位置改为可对与梁及墙壁保持一定距离型号的坐便器进行安装的部位。

除此之外，还可以采用下述各种方法：

① 将门的开启方式改为外开式，并改变坐便器的位置。

② 改变坐便器的位置。

③ 可加工制作与现场情况相符的虹吸式冲水大便器。

④ 在坐便器的背面设置带有装饰架的墙壁。

⑤ 因坐便器的前侧与门相碰，故可将门改为外开式。

① 梁较宽，往往容易对下层有所妨碍。

对标准层的卫生间来说，即使各层的设计图相同，但是越是往下，下层梁及柱子的尺寸也就越大，所以应引起注意。

② 将平面图与结构图进行对照。

③ 当采用蹲便器时，应特别对蹲便器是否与下层的梁及墙壁相碰加以注意。

④ 地下层卫生间的梁较大，特别是应确认是否将大便器等设计在了基础梁的上面。

⑤ 在没有地下层的建筑物中，对于一层的卫生间也应进行相同的考虑。

卫生间的节点做法？➡还是向建筑请教吧！

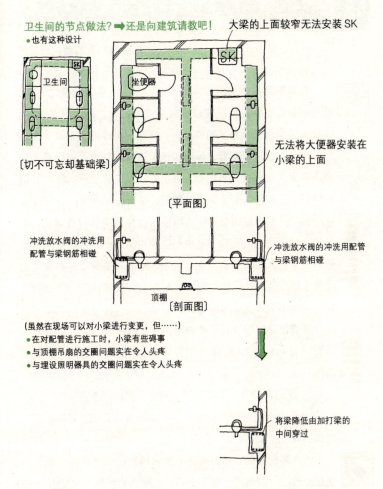

- 也有这种设计

〔切不可忘却基础梁〕

大梁的上面较窄无法安装SK

无法将大便器安装在小梁的上面

〔平面图〕

冲洗放水阀的冲洗用配管与梁钢筋相碰

冲洗放水阀的冲洗用配管与梁钢筋相碰

顶棚

〔剖面图〕

（虽然在现场可以对小梁进行变更，但……）
- 在对配管进行施工时，小梁有些碍事
- 与顶棚吊扇的交圈问题实在令人头疼
- 与埋设照明器具的交圈问题实在令人头疼

将梁降低由加打梁的中间穿过

18 用后才发现大有问题的清扫口

▶从清扫者的角度出发◀

得知蹲便器中溢出污水的消息后,因不能对此置之不理,故立即布置作业人员迅速赶往现场进行抢修。不久传来消息,作业人员没有找到地面的清扫口。所以指示作业人员从下层顶棚的检修口处进行查看,虽然楼板下设有清扫口,但因梁及风道碍事而无法靠近。据作业人员报告,他们将顶棚拆下打开清扫口后,污水便流到了下层的顶棚,受损程度严重。

影响排水的原因是由投入蹲便器的女用连裤袜造成的,而且投入蹲便器内的还有卫生巾等生理用品,投入的污杂物在横管内遇水膨胀后将管道堵塞。另外,蹲便器的配管材料使用的是排水铸铁管和排水用铅管。这些污杂物被挂在活动型直管连接部位所形成的微小缝隙处。

尽管设计图中设计了地面清扫口,但在对为什么会将地面清扫口省略的原因进行调查后才知道主要是由下述因素引起的:

① 承租者的确定太迟,卫生间的位置已经变更。

② 部分配管的施工已结束,变更的部分只能被局限在最小的范围内。

投入蹲便器的女用连裤袜与清扫用的铁丝缠绕在一起。即便是经过了一段时间,也不会有什么理想的结果。

为此,当将旁边的坐便器拆除后,才好不容易将污水管清扫干净。另外,以后通过高压冲洗就可以进行彻底清扫了。

与管道井·墙壁·卫生间有关的故障 71

(1) 将清扫口设置在顶棚时存在的问题：

将清扫口设置在顶棚并不一定就会有效。

① 若将清扫口打开，污物便会流到顶棚内。

有可能出现二次污染。

② 因下层是其他住户，故而扩大了受损程度。

③ 能否进行处理只能视下层住户的情况而定。

遇有紧急情况时，无法进行处理。

④ 很难靠近清扫口。

检修口的位置离清扫口较远。

顶棚内有梁、风道、配管等，无法靠近清扫口。

⑤ 将清扫口打开极为费事。

不便进行作业（操作）的部位很多。另外，作业时也有可能将顶棚踏坏。

（2）应将清扫口设置在合适的位置：

既不影响清扫工具的使用，又可安全作业就是合适的位置。

① 应设置在排水横向支管及排水横向干管的起点处。

② 应设置在横向排水管的延长部分的中间位置（管径120倍以内的距离）。

③ 应设置在排水管以超过45°的角度改变方向的部位。

④ 应设置在排水管立管的最下部或其附近。

⑤ 应设置在排水横干管与建筑用地排水管连接部位的附近。

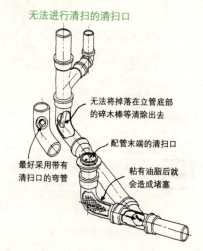

无法进行清扫的清扫口

无法将掉落在立管底部的碎木棒等清除出去

配管末端的清扫口

最好采用带有清扫口的弯管

粘有油脂后就会造成堵塞

3 与浴室·外墙有关的故障

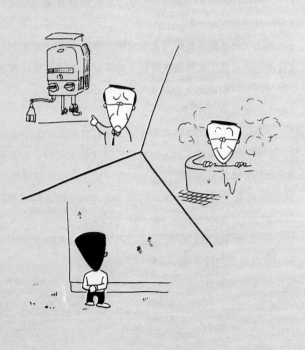

19　灶台上的隐患——煤气中毒

▶缺氧造成的不完全燃烧◀

原打算在煤气灶台上方的墙壁上安装壁挂式煤气热水器，下面安装煤气炉，但因煤气公司提出有条例规定"不允许在煤气灶台的上方安装煤气热水器"，故未得到认可。

经协商决定不安装煤气旋塞，改用装饰插塞式开关。但据说竣工后业主却按图纸安装了煤气旋塞。

因设计事务所未向业主说明原委，所以业主当然就会认为可以使用煤气炉。

煤气热水器为使煤气能充分燃烧就需要较多的氧气。如果将煤气热水器安装在煤气炉的上方，煤气炉点燃后煤气在含氧量低的空气中燃烧就会因氧气量不足而出现不完全燃烧，并因煤气排放出的热气而使设备出现故障。

除向业主说明事情的原委外，没有其他的解决办法。

当安装不具强排功能的直排式煤气热水器时，有必要让业主从是安装煤气热水器还是安装煤气炉二者中加以选择。

另外，当安装煤气热水器时，必须在洗涤台的上方安装可与煤气热水器联动的换气扇。

双重错误

因煤气公司有"煤气灶台的上部不得安装煤气热水器"的相关规定,所以不允许安装煤气炉。设计事务所也有有关不得安装煤气旋塞的指示
竣工后业主按图纸安装了煤气炉,由此发生索赔事件

在安装煤气器具时，应注意以下各项事项：

① 浴室内不得安装不具强排功能的直排式煤气燃烧器（若浴室内采用快速煤气热水器，就会出现供氧不足，以致发生危及性命的事故。应采用强排式密封型煤气燃烧器）。

② 在理发店、美容院等使用药液（冷烫液等）的场所，若使用不具强排功能的直排式煤气燃烧器、半密封型煤气燃烧器，就会降低设备的使用寿命，所以这些场所应采用强排式密封型煤气燃烧器。

③ 当在厨房使用不具强排功能的直排式煤气燃烧器时，应配备带有换气扇的抽油烟罩。

④ 不得在煤气炉的正上方安装煤气热水器。

⑤ 不具强排功能的直排式煤气燃烧器应尽量采用与换气扇或抽油烟罩联动的形式。

原则上 5 号以上的快速煤气热水器应安有专用的排放装置，并采用独立的（屋顶）通风器方式。当不得不使用开放型煤气燃烧器时，应采用与换气扇或抽油烟罩联动的形式。

关于煤气设备的设置，可参考下列资料制定计划：

《煤气设备的设置标准及事务指导方针》：（财）日本煤气设备检查协会

· 《换气设备技术标准·说明》：（财）日本建筑设备安全中心
· 各煤气公司的送排气标准

厨房的送排气

这是一种可适用于将不具强排功能的直排式燃气设备安装在厨房,以及将输入总量达 5000kcal/h 以上的直排型设备安装在除厨房外的其他房间等情况的方式。

换气扇、抽油烟罩风扇、环形整流罩通风机、带有风扇的换气扇相当于机械换气。另外,设有共用排气竖井等的集合住宅中大型换气设备的各住户内的部分也适合采用这种方式。

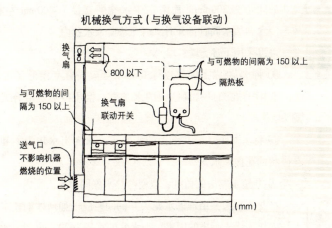

机械换气方式(与换气设备联动)

换气扇
800 以下
与可燃物的间隔为 150 以上
隔热板
与可燃物的间隔为 150 以上
换气扇联动开关
送气口 不影响机器燃烧的位置
(mm)

20　一味追求形式必会有所损失

▶应重视与浴室相关的功能◀

浴室内冷水与热水的水龙头是按 200mm 的间距安装的，但实际冷水和热水并不能同时流入桶内。

当因水龙头采用快速关闭式水龙头而水压、水温均较高时，就有可能将入浴者烫伤。另外，水温较低时入浴者则会受到凉水的刺激等等，所以往往会引起入浴者的不满。

因水龙头是安装在 100mm×100mm 瓷砖的接缝处，所以水龙头的间距为 200mm。而浴室中水盆的直径为 200mm 左右，故当冷水和热水同时打开时水就无法流入水盆内。

可以采用下述方法：

① 将水龙头的间距改为 150mm 以下。

② 将水龙头（公共浴池的水龙头）换成冷热水混合式水龙头。

③ 将水龙头（公共浴池的水龙头）改为出水较为柔和呈花撒状的花撒型水龙头。

④ 调整水龙头的角度，以使冷热水能同时流入桶内。

水龙头（公共浴池的水龙头）的间距应以如何才能使水流入桶内作为优先考虑的因素。当水盆的直径为 200mm 时，水龙头的间距最好在 150mm 以下。

危险的关系

目标偏离(其原因就在于200mm的水龙头间距)
呈花撒状出水的热水、冷水刺激的
浴池是一种经济实用的设计

公共浴池的水龙头(出水柔和的花撒型水龙头较为安全)

也可采用自闭式横向水龙头(间距为150mm)
采用冷热水混合式水龙头的较多

● 重新看待与浴室有关的功能

虽然对水龙头（公共浴池的水龙头）的间距不太重视，但从不浪费水以及安全性的角度出发对旅馆、宿舍、疗养院等的经营者来说也是一个不可忽视的问题。

公共浴池的经营者可以采用下述方法：

① 水龙头的间距应以冷热水可同时流入桶内的尺寸为准。不要拘泥于与瓷砖接缝对齐等外观形式。

② 采用自闭水龙头，以防热水白白流掉。

③ 因会给人以过热及冷水刺激等不舒服的感觉，所以最近采用带有恒温装置冷热水混合式水龙头的浴池越来越多。

虽然可以采用上述方法，但也要对经济性、使用者的舒适感加以重视。

一般从外观美观上考虑水龙头的间距时往往就会采用与瓷砖接缝对齐的方式，但是有时一味地追求形式就会有所损失。对此，应特别加以注意。

哗哗流淌的热水——随流水白白淌掉的金钱
忘记将水龙头关闭
可以频繁进出浴缸

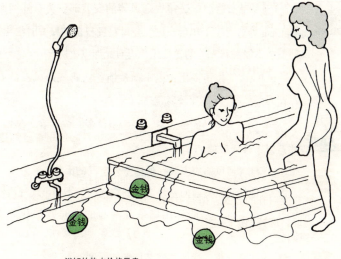

浴缸的热水价格昂贵
大量的热水被白白流掉
既浪费能源
又造成水源枯竭

21 破坏平衡的平衡蒸馏釜

▶以煤气公司的规定为依据◀

　　1　平衡蒸馏釜送排气通风器的安装部位为自外墙面向下40cm处。竣工1年后，煤气公司在进行定期检查时提出，这种安装不能进行充分的送排风，应对此加以改造。

　　2　煤气公司提出：因平衡蒸馏釜送排气通风器的安装存在一定的问题，所以容易引起不完全燃烧。

案例1　当将平衡蒸馏釜（平衡型设备）安装在外墙时，应注意以下各项事项：

① 送排气通风器应安装在通向室外空气的部位。

② 送排气通风器通向室外空气的空间应为不会出现气流停滞的开放式空间。不能说用墙壁等围起的空间就是开放式空间。

③ 应注意送排气通风器安装墙壁的厚度。

送排气通风器因安装墙壁厚度的不同而异。

④ 应对送排气通风器周围的障碍物、可燃物及窗户等开口部位加以注意。避开凹陷、两侧及上下的凸出物。

本案例属于④。

① 送排气通风器的周边条件

应避开凹陷、两侧面及上下的凸出部分

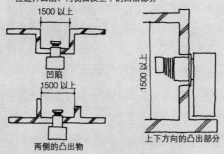

② 送排气通风器与障碍物（侧方）的距离（上、下、前方）与隔离

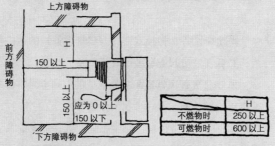

	H
不燃物时	250 以上
可燃物时	600 以上

③ 送排气通风器与障碍物（侧方）的隔离

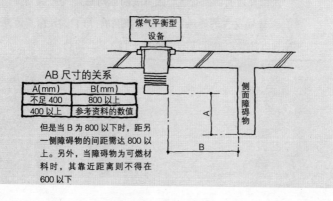

AB 尺寸的关系

A(mm)	B(mm)
不足 400	800 以上
400 以上	参考资料的数值

但是当 B 为 800 以下时，距另一侧障碍物的间距需达 800 以上。另外，当障碍物为可燃材料时，其靠近距离则不得在 600 以下

[案例2] 平衡蒸馏釜送排气通风器的一部分被安装在墙内就容易引起不完全燃烧，而且所选的设备机型与200mm的墙壁厚度不符。另外，在平衡蒸馏釜的前面有直径100mm雨水立管通过，影响燃烧效果。

本案例属于③、④。

[案例1] 按规定在平衡蒸馏釜送排气通风器的周围预留一定的空间。

[案例2] 将平衡蒸馏釜的送排气通风器换成适合于墙壁厚度200mm的机型。另外，将雨水立管移开并进行了配管的更换。

平衡型设备（强排式密封型煤气设备）的送排气通风器应当按照煤气公司的规定进行安装。

另外，制定计划时可以参考（财）日本煤气设备检查协会的《煤气设备的设置标准及事务指导方针》。

如果煤气设备出现不完全燃烧，就会出现危及生命的重大问题。为能保障设备的功能，应排除一切故障。

平衡型设备因送排气口接近，所以对送排气通风器周围的气流就会有很大的影响，因此在排除故障时应小心谨慎注意安全。

④窗户等的开口部位与送排气通风器的隔离

不得设置排气可能流入室内的开口,该范围如下图所示

当无法确保开口部位与上方600的隔离时,通过下图所示的安装防护板来确保隔离也是十分有效的

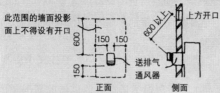

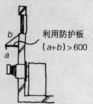

利用防护板
$(a+b) > 600$

⑤特殊设置示例

- 在单户独立住宅等送排气通风器相对而设时的隔离距离

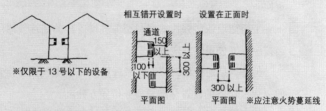

※仅限于13号以下的设备

※应注意火势蔓延线

- 送排气通风器顶部并列设置时的隔离距离

- 送排气通风器顶部与换气扇的隔离距离

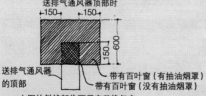

上图的斜线部位不得安装换气扇
※此标准与换气扇的尺寸及设备的输入无关
※也适用于有压换气扇
※带有送风功能的换气扇与普通开口的处理方法相同

强排式密封型煤气设备的送排气

22 埋入式配管出现裂纹的原因

▶切不可将较粗的配管埋入外墙内◀

1 在混凝土原浆饰面的事务所楼内,壁挂式小便器安装在卫生间外窗的窗下,该墙出现裂纹。

2 浴室的给水管、热水管被直接埋设在外墙内,该部位出现裂纹。

案例1 在外墙出现裂纹的原因中,与设备有关的原因大多都是为了直接将给水管、排水管埋入外墙内而引起的。

其主要原因如下:

① 外墙混凝土的厚度较薄。

② 配管线路的混凝土中有空隙,且配筋顶在外墙上,混凝土的厚度不足。

③ 为修正配管线路的误差,对混凝土进行剔凿时产生的冲击造成的。

④ 混凝土干缩所产生的影响。

等等。

本案例是这些原因的综合表现。

案例2 浴室外墙出现裂纹除上述原因外,还有以下原因:

① 因需对热水管进行保温包覆处理,所以墙内埋设配管的直径就会增大,混凝土的厚度就得不到充分的保证。

② 来自热水配管的热传导会促进混凝土的干燥,且混凝土在室内外温差的作用下便会出现裂纹。

卫生间外墙部分出现的裂纹

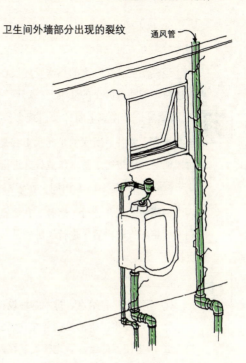

通风管

③ 热水管因温度变化而反复膨胀收缩，致使混凝土出现裂纹。

当将温度变化较大的热水管埋设在浴室外墙内时，就会因上述原因加速混凝土的开裂。

案例1　在卫生间外墙出现裂纹的部位注入了树脂防水剂并进行了修补。所幸的是此次工程是一期工程，在二期工程阶段便对外墙进行了防水作业，并进行了饰面处理。

案例2　与案例1相同，在混凝土外墙的裂纹的部位注入了树脂防水剂并进行了修补。在浴室的内部，对外墙面进行剔凿后将配管取出后，进行了配管及包覆修补作业，并进行了更换。

案例1

① 不得直接将给水、排水管埋设在外墙内。

② 应避免将卫生洁具安装在外墙的墙面上。

③ 因坐便器的给水管也被安装在外墙的一侧，所以应对此加以注意。

④ 当在外墙一侧安装卫生洁具时，应砌有砌块，并在砌块内进行配管作业。

⑤ 特别是因小便器排水管的直径也较大，所以应对此加以注意。

应像立式小便器那样，选择地面排水形式的排水管。

案例2　对于浴室的供热水配管，应采取相应的措施。

① 浴室的温度变化大，有必要防止裂纹的出现。

② 不得直接将配管埋设在外墙内。

③ 供热水管应尽量采用外露式配管。当进行埋设时，应采

用砌块内配管的形式。

④ 由于供热水管在热变化的影响下因不断膨胀收缩、热疲劳产生的裂纹而成为出现渗漏的原因,因此应对配管线路及支承、包覆的方法特别加以注意。

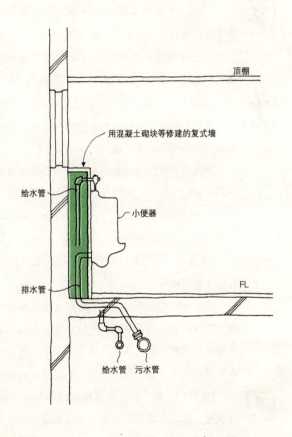

23 热气与脏污也是"同路人"

▶ 莫将污水的热气随意排放到外面 ◀

1　集合住宅屋顶竖向通气管的管弯头封堵被安装在外墙处,其周围污秽不堪,臭气熏天。

2　综合医院的屋顶间装有排气百叶窗,屋顶上的地面污秽不堪,以致将人滑倒或将衣服弄脏,苦不堪言。

案例1　在集合住宅中,排入排水管内的污水温度很高。

从浴室及厨房排放的热水使通气管内的温度上升后,在管弯头封堵的周围出现结露。

因通气管可使凝结水的水珠返回到排水管内,故在端头的高起部位应保持一定的坡度,但本案例却将坡度设在端头的下垂部位,所以凝结水的水珠便从管弯头封堵处流到外面,将其周围污染。

案例2　排气百叶窗的内侧连接有铁板制的箱盒,箱盒有多个通气管通过。

使用蒸汽的高压灭菌机的排汽管及高温排水管的屋顶竖向通气管内的热水蒸汽凝结,并从百叶窗处滴落。另外,结露水积聚在屋顶的地面上久而久之便形成了黏稠的液体,很容易将人滑倒。

案例1　如果在屋顶竖向通气管横向管的端头高起处设置坡度,那么为能对尺寸加以调整就需要将立管截断后对配管进行更换。

与浴室・外墙有关的故障 91

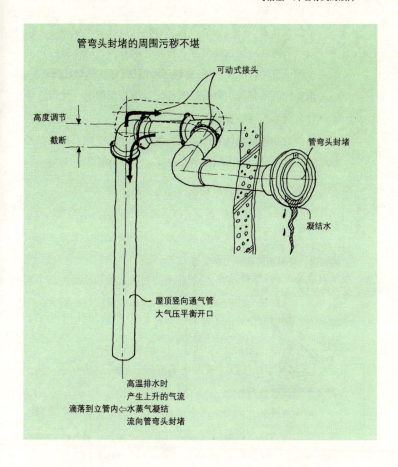

[案例2] 因有多个配管，所以无法对百叶窗进行改造，为此设置了结露水承水盘并将配管接至屋顶排水口（雨水斗）处。

虽然通气管的热气一接触到室外空气后便会产生结露,但为使通气管内的凝结水能够流入排水管的管内,应保持一定的坡度,但设置的坡度决不能造成结露水从管弯头封堵处滴落。

值得注意的是当用硬质聚氯乙烯管进行配管时,聚氯乙烯管延伸后会形成逆坡度。

另外,如果将通气管的管弯头封堵安装在屋檐下空气流通较差的位置,臭气就无法消散。对此,应特别加以注意。

应在有人滑倒之前就采取措施

因医院通气管排水温度高而产生的结露,使屋顶间的外墙、屋顶的地面上形成黏稠的液体,将医院的职员滑倒

黏稠的液体

符号"●"表示已实施部分

● 结露水承水盘

屋顶竖向通气管

● 配管防护罩

● 排水管 VP25

4 与地下·屋顶
有关的故障

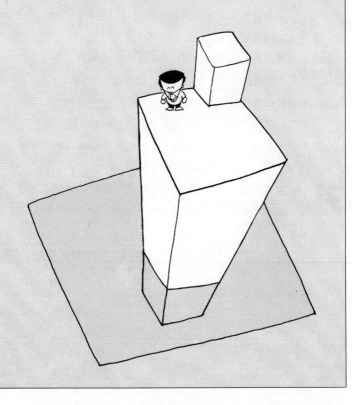

24　无法吊取的潜水泵

▶如何才能将极重的潜水泵取出◀

安装在地下一层地板下槽坑内的污水潜水泵不能排水，因无法对其运转状况进行确认，所以决定通过吊装将其取出。

将地面的（进人）检查井打开后未找到污水潜水泵。顺着配管一路寻去，发现原来污水潜水泵被安装在最里面。

污水潜水泵上缠有异物，但就目前的现状很难进行处理。为此，楼房管理人员抱怨为何将（进人）检查井设在此处。

地下基础的结构庞大，且排水槽是其中的一部分。但因是在机房地板的下面，所以受机器设备配置的影响，（进人）检查井的位置就受到了一定的限制。

污水潜水泵出现故障或需要进行检修时，为保证吊取后的检查·清扫简单易行，设计者对（进人）检查井的位置进行了规定，但实际上根据现场的情况又不得不改变了其位置。

因可以启用备用泵，所以排水槽的水位降低后将其放入槽内，取出出现异常的污水潜水泵，并将异物清除干净后再将其复原。

另外，排水槽的高度达 2.5m 以上，配管横向管的距离长，而且在排水槽内装有阀门，但考虑的是如何使配管能短一些。这样一来就不方便进行检查了。

为能对污水潜水泵的功能加以确认,提出了将每个泵的配管单独接至机房地面上并安装阀门的改进要求。

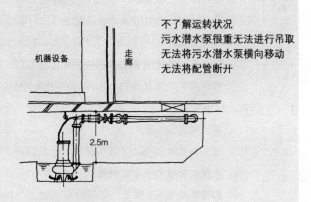

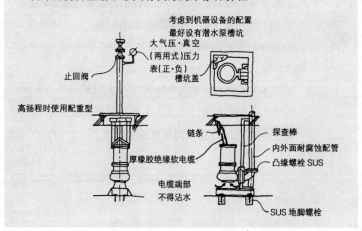

(1) 排水槽

① 排水槽应在便于进行维修检查及清理的位置处设置（进人）检查井（直径60cm以上）。

- 用于清理的（进人）检查井。
- 用于吊取潜水泵的（进人）检查井。

② 排水槽的底部应设有吸入式槽坑。

- 当采用潜水泵时，吸入式槽坑的大小最好是按200mm以上的间距设置在吸入部位的周围及下部。

③ 排水槽底部的坡度应朝向吸入式槽坑设置，且为1/15以上、1/10以下。

④ 排水槽应设有通气管。

- 其目的为可将槽内的臭气排出，以及用排水泵对槽内的水进行排放时可使空气流入。
- 单独向大气开放。

⑤ 为防止腐烂，应对是否设有曝气装置加以确认。

⑥ 应对是否设有消除洗涤剂泡沫的洒水装置进行确认。

⑦ 当采用潜水泵时，应安装吊取用钩等。

⑧ 应安装用于清扫的水龙头。

(2) 排水潜水泵

① 应根据流入的水质选择排水潜水泵。

② 最好采用带有装卸（离合）结构的排水潜水泵。

③ 不得将阀门及止回阀设置在排水槽内，而应设置在地板上。

④ 当排水潜水泵的扬程较高时，应对水锤加以注意。应安装冲击吸收式止回阀。

⑤ 从配管上拆卸排水潜水泵应简便易行。

与地下·屋顶有关的故障 97

⑥ 应能将排水潜水泵直接向上吊起。

⑦ 考虑到排水潜水泵的故障等因素,应设置备用泵。

⑧ 排水潜水泵的厚橡胶绝缘软电缆应采用耐酸耐油性材料,并确实在排水槽内进行了支承固定。

污水槽➡容量应尽可能小一些!(1~2m³也就足够用了)
(一定要设置潜水泵槽坑!)

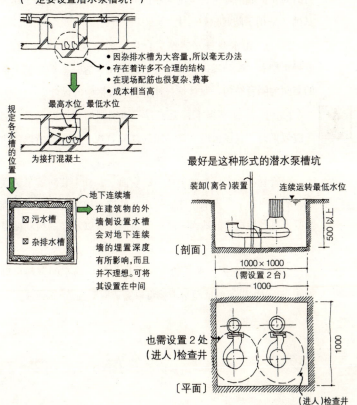

25 阻断音源方可遮断噪声

▶水泵振动・噪声传递的缺陷◀

[1] 在集合住宅起居室的下一层装有扬水潜水泵,水泵发出的噪声影响到了上一层的起居室。特别是扬水潜水泵停机时对止回阀的冲击,发出的噪声非常大。水泵安装在了防震基础(采用了防震橡胶)上。

[2] 潜水泵被安装在集合住宅的半地下式贮水槽内,低噪声型潜水泵的噪声传到上层的起居室・客厅。贮水槽上部的空间为隔音结构,而且是一种采取隔音措施的设计。

案例1 虽然扬水管上装有不锈钢制的挠性联轴节,但防震效果差,且扬水潜水泵采用的是旋启式止回阀,所以停机时就会发出极大的冲击声。

配管悬吊在上层混凝土地面的底面上,且未装防震吊装铁件,所以也有来自支承铁件的噪声。另外,扬水潜水泵的基础混凝土是利用机房的地面・墙壁浇筑的,所以水泵的振动便被直接传递到主体。

案例2 根据潜水泵的频率特性与现场测定的资料可以得知,250Hz以下的低频率声波可以穿透混凝土。

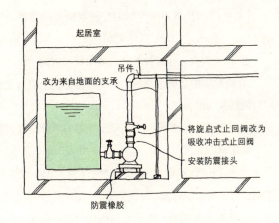

[案例1] ① 将不锈钢制的挠性联轴节改为橡胶制挠性联轴节。

② 将旋启式止回阀改为吸收冲击式止回阀。

③ 将配管的顶棚吊件拆除,并自地面向上安装支承铁件后即可隔断振动的传递。

④ 将扬水潜水泵基础中与墙壁接触的部分剔除,避免直接与墙壁接触。

[案例2] 针对潜水泵的频率特性为250Hz以下的低频率范围,可采取以下对策:

① 将潜水泵安装在松木心材制作的箱盒内并进行固定。

② 在箱盒的贯通部安装橡胶制的筒状物。

另外,从实施后的测定结果来看效果非常好。

对于安装在建筑物内的潜水泵,必须考虑采取充分的防震措施。虽然通过防震基础、挠性联轴节也可以阻断振动·噪声,但因不是用于防震的专用吊件,所以效果也就不理想。

与支承铁件采用顶棚吊装式相比,由地面向上立起的方法更为有效。

虽然旋启式止回阀的价格低廉,但为了防止水击,最好采用吸收冲击式止回阀。

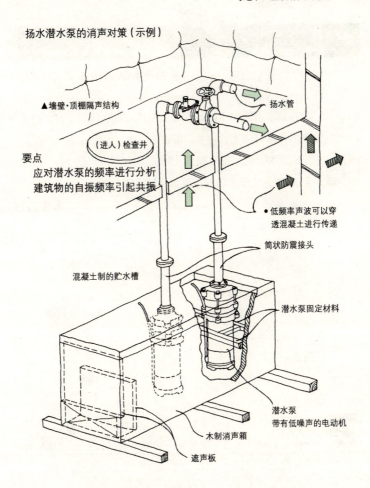

26 顶层的出水状况恶劣

▶ **高置生活水箱的安装高度太低** ◀

在给水系统中,最上层给水器具的出水状况不好。因集合住宅的用水时间比较集中,所以这一倾向尤为明显。

一般常见的原因有以下几种:

① 高置生活水箱的位置低,给水压力不足。

② 高置生活水箱的位置距给水器具太远,配管摩擦造成的水位差损失太大。

③ 下层住户的用水量多。

④ 卫生洁具中有需要压力较大洁具。

这次故障的原因为①项和③项。

尽管是将高置生活水箱安装在屋顶上,但从外观美观的角度出发安装高度受到了一定的限制,而且未对给水系统进行水压检查。

另外,对集合住宅给水器具的同时使用率的看法并不合适。

因很难将高置生活水箱向上抬高,所以为保证通过各户水表的流量合理就采用了流量调节闭路水龙头,从而使顶层和底层的最大流量达到了一致。

与地下·屋顶有关的故障 103

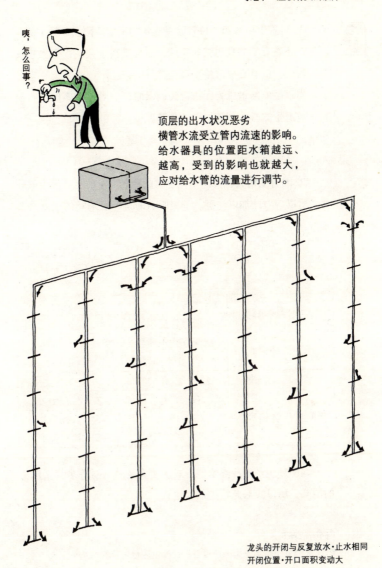

顶层的出水状况恶劣
横管水流受立管内流速的影响。
给水器具的位置距水箱越远、
越高,受到的影响也就越大,
应对给水管的流量进行调节。

龙头的开闭与反复放水·止水相同
开闭位置·开口面积变动大

① 高置生活水箱的位置除受建筑物高度所限及设计上的问题外,还有近邻的日照权等问题,而且受高度限制的因素也很多。为此,就有必要对给水系统进行检查。

当顶层的给水压力无法得到确保时,应对给水系统进行研究并对卫生洁具的种类加以选择等。

$$重力式给水方式 \rightarrow \begin{cases} 高压罐式 \\ 非高压罐加压式 \end{cases}$$

② 因卫生洁具种类的不同也有的洁具所需的必要压力就较大,所以应对此加以注意。下表所示的是一般洁具的最低必要压力。

给水器具		最低必要压力高度(m)
普通水龙头		3
大便器冲水阀	(普通用)	7
	(清除管道用)	10
小便器冲水阀	(壁挂立式小便器)	5
	(落地立式小便器型)	8
淋浴器		7
瞬间式煤气热水器	(4~5号)	4(目标值)
	(7~16号)	5(目标值)
	(22~30号)	8(目标值)

因国外生产的冷热水混合式水龙头及淋浴器等多为高压力的洁具,所以应对此特别加以注意。

[词语解释]
● **流量调节闭路水龙头**……可对设计流量进行调节的水龙头。

流量调节阀的功能与效果

呈柱流状＝环状黏结性流（高速流）
高 压 差＝一次压的变动小（主管可以缩径）
一定流量＝二次动水压一定（$Q = A \cdot V$）

流量　　　流速
流量 25l / min 时流速为 14m/s

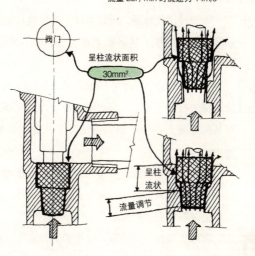

27 高置生活水箱是防水修补作业的障碍物

▶机器设备的防水层也要考虑修补因素◀

高置生活水箱的基础位于沥青防水层上浇筑炉渣混凝土的地面上。

因屋顶出现渗漏,所以需将防水层进行更换而将地面部分剔除,但因是在上述状态下进行施工的,所以无法进行彻底修整。

在未对高置生活水箱的耐震设计加以重视的情况下,未对防水层进行优先施工。当炉渣混凝土浇筑完毕后,设备公司才对基础混凝土进行了浇筑并安装了水箱,而后对地面进行了处理。

所以在更换沥青防水层时,要想拆除水箱基础等障碍物就很麻烦,但如果不将其拆除而直接施工的话,势必又会成为产生新的缺陷的隐患。

将屋顶地面全部凿除,除去炉渣混凝土,并将可保证施工范围的沥青防水层除去。

为保证能在水箱基础混凝土的部位将沥青防水层截断,在对其周围的防水层保留了一部分后又将新的防水层重叠铺设在了上面。将水箱下面原有防水层的表面烧去并将新的防水层熔敷后,涂刷了防水砂浆。

与地下·屋顶有关的故障　107

无法对防水层进行更换

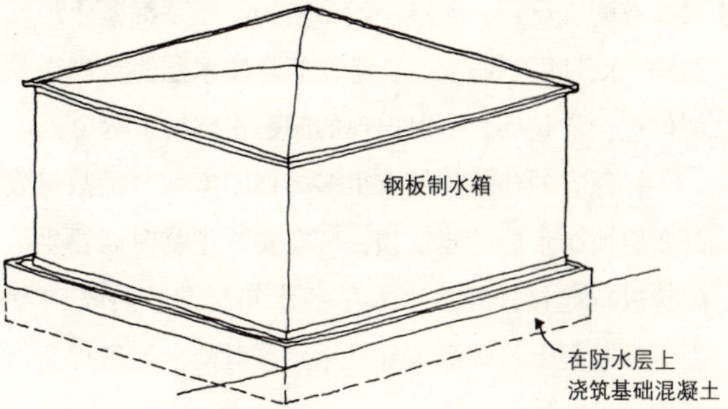

钢板制水箱

在防水层上浇筑基础混凝土

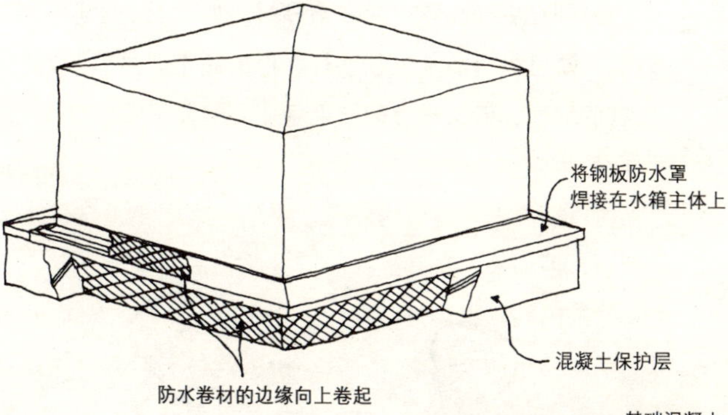

将钢板防水罩焊接在水箱主体上

混凝土保护层

防水卷材的边缘向上卷起

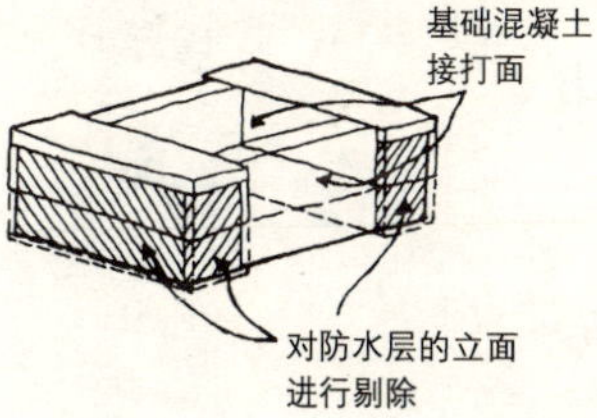

基础混凝土接打面

对防水层的立面进行剔除

现在，屋顶高置生活水箱的冷却塔等机器设备的基础都要求具有耐震设计，所以一般多采用与屋顶混凝土地面呈一体的结构，而且因基础混凝土是在紧靠防水层边缘向上立起的泛水部位进行浇筑的，所以出现的问题也就越来越少。

在原有的建筑物中有很多类似于本案例的故障发生，对于需要更换防水层的建筑物，可在安装了临时高置生活水箱后对配管进行连接，并将高置生活水箱拆除后将基础及防水层除去，待混凝土基础浇筑且复原后再对防水层进行全面的施工才是切实可行的。

另外在更换高置生活水箱等时，如果对防水层的更换加以研究，便可以对防水工程进行全面的施工。虽然当时所用的费用有所增加，但从长远的结果看还是利大于弊。

基础的功能 ➡ 合适的高度也是十分必要的！

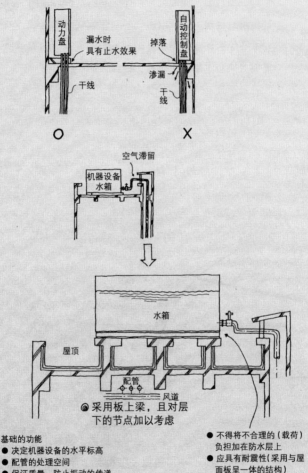

基础的功能
- 决定机器设备的水平标高
- 配管的处理空间
- 保证质量，防止振动的传递
- 临时止水效果

- 不得将不合理的（载荷）负担加在防水层上
- 应具有耐震性（采用与屋面板呈一体的结构）

28 溢水犹如台风雨

▶溢水量与排水管的排水功能◀

1　由安装在屋顶间的高置生活水箱内的水溢出，水渗漏到下层的机房。

2

① 由通往屋顶间屋顶出口的上下人孔处出现渗漏。

② 水自装有配管的配管间渗漏到下层。

案例1　在进行屋顶雨水斗设计时，忘记将高置生活水箱的溢水量计算在内。如果不将溢水量计算在内，屋顶间就会频频出现"洪水泛滥"。

另外，水由配管贯通部嵌缝不充分的部位滴落。

案例2

① 屋顶雨水斗堵塞，无法排水。

② 在对扬水泵进行试运转时，因未将屋顶雨水斗的多余防护材料清除，所以无法排水，水便由配管间的缝隙渗漏到下层的机房内。

案例1　只有在屋顶间的雨水排放量中加上扬水泵的排水量后，才能对屋顶雨水斗的直径、数量、位置做出决定。

因本案例的施工已经结束，所以将扬水泵的容量调整为设计值后，对配管嵌缝不充分的部位进行了修补。

扬水泵的排水量应根据安装的扬水泵的性能曲线进行确认。这在批量生产的扬水泵中，水泵的能力绰绰有余，可以排放极大的水量。

通过性能曲线可以准确地计算出扬水泵的排水量,加上屋顶间面积乘以每个地域的最大降雨量得到的水量后就可以求出排水量,并决定屋顶雨水斗的形状、直径、数量、位置。

由高置生活水箱溢出的水渗漏到下层的机房

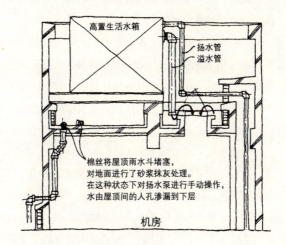

案例2　在对屋顶雨水斗是否被堵塞以及是否将多余防护材料清理干净进行确认后，扬水泵便开始工作。

另外，还可以在扬水泵试运转时，通过手动运转进行强行溢水来确认扬水泵的排水性能。

此外，如果不及时将垃圾及枯叶清理干净，就会使排水性能下降，所以在交付使用时也应对此加以注意。

当将水箱安装在建筑物的室外时，应与建筑设计者及设备设计者（雨水配管的设计者）进行协商。在对高置生活水箱的安装场所进行确认后，为保证计算的排水量中能将扬水泵的排水量及根据地域降水量包括在内，并对屋顶雨水斗的形状、直径、数量、位置做出决定，建筑与设备相互之间应进行协商。

当将水箱安装在建筑物的室内时，可以安装结露水承水盘。这时，如果结露水承水盘与溢水管的连接部位出现错误，水就会倒流到结露水承水盘中。

因溢水管在水箱内有一个漏斗状的排水口，所以旋涡状的流入水便会阻碍空气的流通。由于溢水管内的空气都集中在上部，因此有必要设置空气开口部。应将溢水管探到水箱外的管弯头改为T形管接头，并可以安装屋顶竖向通气管。

[词语解释]
- 水泵的性能曲线……水泵的性能可以用曲线表示排水量、总扬程、功率、输出与变化。

与地下·屋顶有关的故障 113

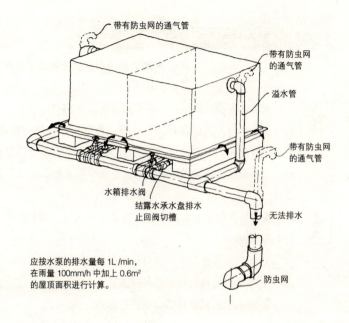

应按水泵的排水量每 1L/min,
在雨量 100mm/h 中加上 0.6m²
的屋顶面积进行计算。

29　屋顶美观需要引发的设备移位

▶改变外观引起的设备功能的改变◀

安装在屋顶的机器设备中除高置生活水箱外,还有与冷却塔以及空调有关的机器设备、水箱。为能保证建筑物的功能,尽管没有必要,但业主及建筑设计人员还是提出了"因太显眼,应将机器设备从屋顶间顶部移至视线不及的隐蔽处"这一要求。

设备方面的信息未能传递给建筑设计人员。除此之外,还有下述原因:

① 在建筑设计阶段,没有机器设备的布置图。

② 手头没有机器设备的外观图。

③ 没有要求机器设备必须进行遮挡。

④ 设备设计开始的时间较晚,机器设备还未确定。

⑤ 因建筑设计专业化的增强,综合管理人员很难进行调整。

⑥ 施工单位与业主之间无法进行协调。

与地下·屋顶有关的故障

"人在江湖身不由己"

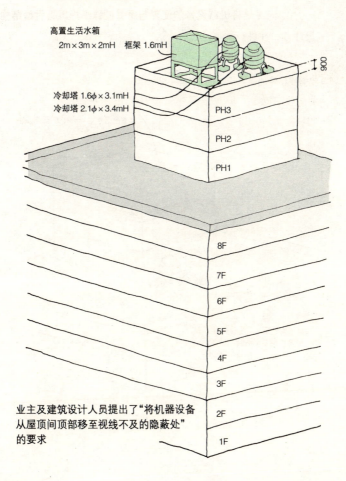

高置生活水箱
2m×3m×2mH　框架 1.6mH

冷却塔 1.6φ×3.1mH
冷却塔 2.1φ×3.4mH

业主及建筑设计人员提出了"将机器设备从屋顶间顶部移至视线不及的隐蔽处"的要求

① 设备设计者应及早将机器设备的外观图及布置图提供给建筑设计人员，并进行调整。

② 应尽早将机器设备的配置与重量的详细内容提供给结构设计者，并进行调整。

因美观需要移位的机器设备

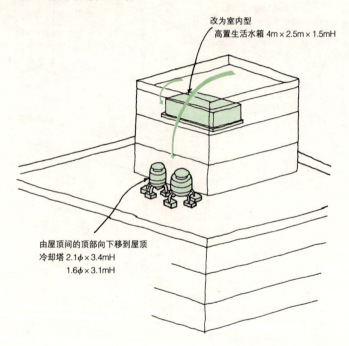

改为室内型
高置生活水箱 4m×2.5m×1.5mH

由屋顶间的顶部向下移到屋顶
冷却塔 2.1φ×3.4mH
1.6φ×3.1mH

5 与腐蚀有关的故障

30　耐腐蚀钢管中流出了铁锈水

▶螺纹接头的耐腐蚀性——问题多多◀

某饭店开业 6 个月，住店客人即向服务台反映茶水苦涩难咽。根据客人的投诉，进入客房后立即打开盥洗台的自来水水龙头，将水灌入电暖瓶，待水烧开后倒入茶壶。茶壶内的水变成紫色，用该水沏出的茶水既苦且涩无法下咽。

客房的成套设备配管为铜管，给水干管是用耐腐蚀的硬质聚氯乙烯衬里钢管进行配管的，水质清澈。管理人员打开盥洗台的自来水水龙头用杯子接水，当接到第 3 杯水时流出的是铁锈水。因客房空房 2 天流出的铁锈水浓度比空房 1 天的铁锈水浓度大，故由此推断是耐腐蚀钢管的问题。将成套设备的连接配管拆下后发现主要是下述问题：

① 不锈钢制法兰盘连接头短管部分的材质为 SS41 锌等涂敷品。

② 成套设备连接部的绝缘接头的材质为镀锌铁制管接头。

不锈钢制法兰盘连接头短管的铁质部分产生锈斑。其他不锈钢制法兰盘连接头采用的是焊接青铜管接头。但在这种情况下，因直管螺纹长度的误差，多余的螺纹部分往往就会生锈。

耐腐蚀钢管中流出了铁锈水

绝缘管接头(防腐蚀涂料)的效果?
应对 SUS 挠性联轴节的零部件加以注意
多余的螺纹部分、配管的截断部位产生锈斑

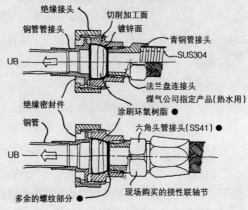

● 生锈部位

螺纹接头的耐腐蚀性——问题多多

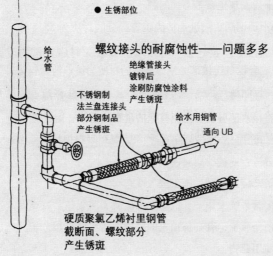

另外,绝缘接头的法兰盘连接头采用阳极防护后腐蚀严重,而且因耐腐蚀钢管的管端面也未进行防锈处理而生锈。

在对本案例中饮料水的氯残留量进行检测后得知,水箱水的氯残留量含量高达 1.0ppm,而客房水的氯残留量含量则高达 0.6ppm。

改为闭路水龙头后将二层客房成套设备的连接配管换成了铜管,为对注入药物后的效果加以确认,未对上一层进行处理。

二层更换配管的部分再未流出铁锈水。但饭店供热水系统的铸铁阀门因该饭店开业 6 个月已无法打开或关闭,所以估计残留的氯含量也会有很多。对整个给水系统都进行了防锈剂涂刷处理。

当采用耐腐蚀钢管时,就会从管端面的金属铁部分及螺纹的露出部分产生锈斑。

采用下述方法可以防止生锈:

① 通过法兰盘连接,将接水部分改为树脂衬里的耐腐蚀管。

② 通过屏蔽罩方式(维克托利克型的耐震管接头)的管接头,将接水部分改为树脂衬里的耐腐蚀钢管、异型管。

③ 内侧为经涂敷处理的管接头,是用耐腐蚀材料涂敷直管螺纹部分进行连接的耐腐蚀钢管。

①及②应以预制品施工法为准。

在配管系统中,一旦铁锈水流出就无法止住。究竟是选择经济性还是质量,有必要预先即对附近的水质进行分析。应尽量避免使用药物。

当氯的残留量超过水质的标准值时，就不必设置氯注入装置，并应防止氯引起的腐蚀。

在进行全面防腐蚀配管施工的大规模住宅街区，自投入使用后虽已过7个年头，但氯注入装置一直停用，并未补充次氯酸钠碱。在这种情况下，配管材料所用的是聚酰胺12树脂衬里钢管，采用了通过屏蔽方式的连接施工法。

若将螺纹接合的问题加以汇总，大致如下：

① 虽然在耐腐蚀钢管截断面的防腐蚀中有管端中心部位防腐及利用防腐剂进行的涂敷，但并不能完全进行防腐。

② 如果在涂装前不对基体表面进行修整处理，那么即使涂敷了防腐剂也很难完全达到紧密相贴。

③ 螺纹中有允许误差，当出现多余的螺纹时该部位的防腐处理就很难进行。

虽然生产厂家的技术资料中均标明按照标准施工要领书进行施工就可以实现防腐，但要想得到完全的施工性则是极为困难的。

[词语解释]
- 残留氯……指为对上水道进行杀菌处理所添加的氯残留量（管末应为0.1ppm以上）。
- 屏蔽罩方式……指维克托利克型耐震管接头连接的配管。
- 阳极防护……一种通过金属电位差（离子倾向）的大小来防止金属腐蚀的方法，防止被腐蚀的金属为阴极，牺牲的金属为阳极。

31　电热水器也流出了铁锈水

▶水一旦停止流动铁锈便会沉淀◀

安装在住宅的电热水器流出了暗红色的铁锈水,而且浴室带有恒温器的淋浴器的水温及冷热混水龙头的温度调节也不稳定。因淋浴器的水温不稳定,所以发生了烫伤事故。

因是通过安装在屋顶的夜间用电的室外型电热水器进行供水的,所以向负责施工的技术人员询问究竟有什么特殊的原因。

① 给水管的配管材料　→　硬质聚氯乙烯衬里钢管
② 热水管的配管材料　→　铜　管
③ 给水方式　　　　　→　压力罐方式
④ 汽水分离器　　　　→　以前未安装,现已安装
⑤ 阳极防护棒的更换　→　未曾更换过
⑥ 电热水器的清理　　→　竣工后,未曾进行过清理

因冷热水混合式水龙头的温度调节不稳定,所以在对配管系统进行确认后在给水管上安装了减压止回阀,向二次给水管及电热水器供水。

将给水管的一部分拆下后发现,硬质聚氯乙烯衬里钢管的管端面及接头的螺纹部位已经生锈。这正是出现铁锈水的原因所在。

估计淋浴器及冷热混水龙头的水温不稳定也是由铁锈造成的。

与腐蚀有关的故障 123

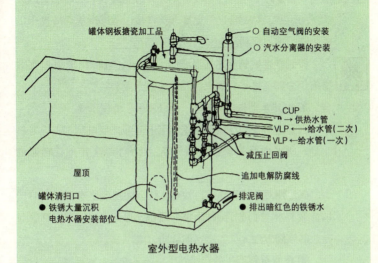

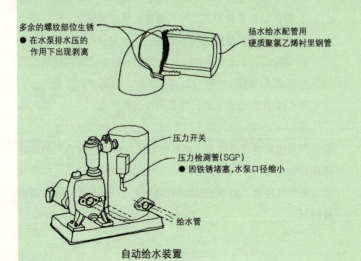

将给水管的配管材料进行了更换,并将沉淀在电热水器底部的铁锈清除干净。冷热混水龙头的温度调节不稳定也会造成铁锈的堵塞,对配管进行更换以及将热水器进行清理后再未出现故障,进展顺利。

(1) 产生铁锈水的原因有下述几种,应对此采用相应的措施。

① 电热水器内的铁锈:
- 来自电热水器主体搪瓷的破损部位的锈渍。
- 水长时间处于静止状态时,电热水器主体的铁锈便会沉淀。

应定期对电热水器进行检查,将沉淀在电热水器底部的铁锈清除干净,并进行牺牲阳极的配备·追加等。为此,就应与专业的维修管理人员签定定期合同。

② 配管材料产生的铁锈:
- 即使给水管采用的是硬质聚氯乙烯衬里钢管,但管端面及螺纹部位也会出现生锈。
- 螺纹式可锻铸铁制接头(内部为树脂涂覆)的螺纹部位出现锈渍。
- 当采用绝缘接头时,接头部位出现锈渍。

③ 给水方式:

因采用的是压力罐方式,通过向压力罐内补给空气的方式往往容易将空气带入给水管内,并加速腐蚀的发生,所以应对此特别加以注意。但如果采用隔膜式的压力罐方式,就不会出现问题。

(2) 其他需要注意的事项包括下述各项：

① 当电热水器以外部电源的方式进行防腐时，应向使用者说明不得将电源切断。特别是当长期不在家时，很多人都会将电源切断。

② 应定期对采用装有牺牲阳极的电热水器进行检查，以保证任何时候都能保持良好的状态。

③ 应每隔 2~3 个月将沉淀在电热水器主体底部的铁锈等进行一次清理。关于这一点，也应向使用者进行详细的说明。

④ 一般电热水器主体的保修期为 1~2 年，应对更换加以考虑。

在上述事项中，①项及②项应由专业公司进行维修管理，并应签定定期检查的合同书。

[词语解释]
- 压力罐方式……通过给水泵将水送入压力罐，对压力罐内的空气压缩·加压，利用其膨胀力将水送至建筑物内必要部位的给水方式。
- 减压止回阀……当热水器的耐压力受到限制时，可对给水压力进行减压。减压阀可以限制流动水的压力，即使给水处于停止状态减压也可以保持不变。

32 铸铁给水泵中流出的铁锈水

▶ 在水中即时产生的铁锈 ◀

案例

[1] 在450户的大型集合住宅中，是通过不设压力罐的给水泵方式进行供水的。装有夜间少水量给水用给水泵、平时给水用给水泵、每小时最高给水用给水泵和非常时期给水用给水泵共4台给水泵。

使用量少时将电磁阀打开，通过将水放出虽可以使水压降低，但电磁阀工作时流出的是黑红色的锈水，特别是长时间不用时流出的锈水量就会增多。

[2] 小型企业采用的是不设压力罐的给水泵方式进行供水的。因从给水泵中流出了黑红色的锈水，所以每隔一段时间就要将电磁阀打开，以将水排放出去。尽管业主的用水量很少但水费却很贵。业主原以为是因漏水引起的，后得知原来是每隔一定的时间就需将水排放，故提出不得随便浪费水资源的抗议。

案例1 铸铁制给水泵在短时间内就有可能受到腐蚀，这也是原因之一。对于不设压力罐的给水泵方式，因从经济方面考虑就要限制给水泵的数量，所以给水泵的停用时间就比较长，结果就加快了腐蚀。

案例2 与 案例1 的原因相同。都是在未经允许的情况下便擅自安装了每隔3小时通过电磁阀将水进行排放的给水方式。

停滞的水也在活动
不断生锈的铸铁制品

直接供水的给水泵产生的铁锈水（例）
铸铁制给水泵经过3个小时即会生锈
铸铁制阀门也一样
螺纹式管接头也一样

对策
应对铸铁制品进行树脂衬里加工处理
应选用青铜或不锈钢制品等耐腐蚀材料
不得出现死水

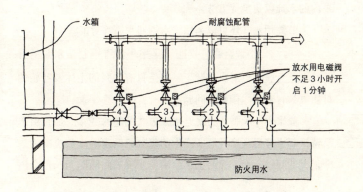

1　变速泵　自动交替运转
2　变速泵　自动交替运转(备用)
3　定速泵　最大给水用泵
4　变速泵　夜间少水量用泵

[案例1] 因各给水泵都安装了电磁阀,所以为能保证在适当的时候打开电磁阀,可以将灭火水槽设置在排放水的前面。但是如果采用这种方法,灭火水槽一旦水满那么以后就会失去效果了。

与本案例不同,在大型集合住宅不设压力罐的给水泵方式中,配备了可随意对给水泵运转时间进行调节的自动切换的定时装置,但夜间启动白天用泵就会出现检测到异常压力问题,所以要求采用其他的方法。作为对策,可以采用在给水泵的排水栓上设置电磁阀,每隔3小时便进行一定时间的排放水,将泵内的水加以更换等方法。

为节约用水,还可以采用将水返回水箱等对策。

[案例2] 小型企业只要购买采用小型青铜制给水泵的自动给水装置就可以解决问题了,但是只有将泵的主体及叶轮的材质改为青铜制才能解决问题。

一般采用不配备压力罐给水泵方式的越来越多,而且给水泵铸铁制主体受到腐蚀后所产生的黑红色锈水的排放也成为一个很大的问题。在一般的扬水泵中,运转的间隔时间长也会出现同样的问题。

但这时因高置生活水箱的水可以将其稀释,故该问题也就不显得那么突出了。另外,铁锈沉淀在高置生活水箱的底部或许也不会出现什么问题了。

不设压力罐的给水泵方式并不会减少水箱内的残留氯浓度,而且具有不用接触室外空气即可供水的特点。

给水泵的主体（外壳）最好采用可以完全耐腐蚀的材料。应对采用青铜制外壳及不锈钢制外壳进行研究。除此之外，还可以采用对外壳的内部进行树脂涂覆处理的方法。

以前曾有用单段离心泵的内面用聚酰胺 12 树脂衬里的给水泵进行试验的。该试验已经过去 6 年，未出现铁锈水。

在水泵外壳的树脂衬里中，使用最多的就是环氧树脂衬里。

另外，市场上也有销售采用不锈钢制给水泵的不设压力罐的给水泵方式的。

[词语解释]
- 不设压力罐的给水泵方式……在本案例中，设置了 4 台平常给水用的给水泵。其中夜间用给水泵 1 台、平常给水用给水泵 1 台为变速泵，是通过控制速度对压力进行一定的控制的。每小时最高给水用给水泵也可以通过变速电机对速度进行控制，但通常是用定速进行自动切换，另外的一台为定速泵。

33 莫使闸门阀成为泥沙的堆积处

▶水管的闸门阀无法关闭◀

给水管出现渗漏事故,本想尽快将给水系统的水关闭,但因无法将安装在顶棚配管给水用铸铁管的水管闸门完全关闭,所以只能在出水的情况下进行修理,不仅费时而且断水的时间也很长。

安装在顶棚配管的给水用铸铁管的水管闸门阀的阀杆是朝下安装的。阀杆因堆积有长时间形成的铁锈及泥沙等而无法转动。

本案例是在出水的情况下对水管闸门阀进行更换的,但也有将给水管进水关闭,并断水后再进行施工的方法。

水管闸门阀杆的正规位置应是朝上安装。对于建筑物内较高部位的配管,根据其操作性,有横向安装、朝斜下方安装、朝下安装之分。

① 水管闸门阀的阀杆朝上安装时:

即使有铁锈及泥沙等流入,虽然也会有少许沉积在阀门的底部,但在对阀门进行数次开关后就可以关闭,不会产生较大的故障。

② 水管闸门阀的阀杆朝下安装时:

阀门位置处留较大的空间便会成为泥沙的堆积处,该处会落有大量的铁锈及泥沙等,对阀门的开闭带来较大的障碍。

③ 水管闸门阀的阀杆呈水平安装时：

即使有铁锈及泥沙等堆积，但也有通过反复的开闭减慢铁锈及泥沙等的堆积，并恢复其功能的情况出现。但不可长时间闲置。

④ 水管闸门阀的阀杆呈45°安装时：

因铁锈及泥沙等的堆积，有时很难恢复其开闭功能。但实际上也有利用强力工具反复进行开闭动作，恢复300A功能的。

不要使水管用闸门阀成为堆积泥沙的场所

许多中口径及大口径阀门等的主体（外壳）都采用铸铁材料，而且因其机械性能好、便于加工、物美价廉等优点而被广泛采用。

但因是铸铁制品，所以很难避免腐蚀的发生，应采取防腐措施。

① 水管闸门阀的防腐措施：

阀门主体的内部采用了涂覆树脂的闸门阀。树脂涂覆的材料是聚乙烯粉状体材料。

包括自来水公司指定的城市在内，今后更应对防腐问题加以注意。

另外，对 JIS 型闸门阀施以聚酰胺镀覆处理的产品也开始由生产厂家进行发售。

② 自来水管用闸门阀的方向：

很难对系统进行全面的耐腐蚀处理，而且也很难避免金属电化学腐蚀引起的锈蚀。另外，对于因配管的敷设更换及截断而将泥沙等混入也是无法避免的。因此，切忌采用不合理的做法。

[词语解释]
- 水管用闸门阀……水管用闸门阀的规格为 JIS B 2062，$\phi 75 \sim 1500mm$，为铸铁制。闸门阀是指可将流体通道垂直截断，进行开闭的阀门。
- JIS 型闸门阀……指 JIS 规格的、普通机械用、建筑用闸门阀。

与腐蚀有关的故障 133

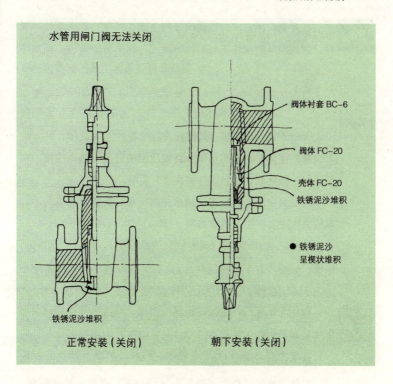

水管用闸门阀无法关闭

阀体衬套 BC-6
阀体 FC-20
壳体 FC-20
铁锈泥沙堆积

● 铁锈泥沙呈楔状堆积

铁锈泥沙堆积

正常安装（关闭）　　　朝下安装（关闭）

34 温度上升也会加速腐蚀

▶ 重新看待供热水主阀的耐腐蚀性 ◀

[1] 饭店的贮热水槽的供热水主阀在使用了6个月后便出现开闭不良,为尽快对其性能进行检查将主阀关闭,并将进人检查井打开。结果发现热水逆流,无法进入贮热水槽内。本想强行关闭主阀,但已无法将其完全关闭。

将给水主阀关闭后将供热水主阀拆下后发现,竟有约1cm厚的铁锈附着在整个铸铁阀门(100A)的内表面。

[2] 本想将饭店的供热水系统关闭,但阀门无法开闭。经调查发现,有3处青铜阀(20A)无法打开关闭,这些部位的阀体均从阀杆上脱落下来。

[案例1] 虽然十分清楚城市用水的残留氯为1ppm时的含量就非常高,且铸铁阀门很容易受到腐蚀。但65℃的供热水温度也是加速腐蚀的原因之一。

贮热水槽的材料为不锈钢·涂覆钢板,供热水管为铜管,而且为防止振动还使用了不锈钢制的法兰盘连接头。

因供热水主阀是安装在铜管与不锈钢制挠性联轴节之间,所以就产生了电化学腐蚀。

[案例2] 青铜阀(20A)的阀体与阀杆是以螺栓式或挂钩式连接的。本案例采用的是螺栓式,螺栓的部分出现损坏。这是一种黄铜制阀杆的脱锌现象。

与腐蚀有关的故障 135

供热水主阀无法关闭

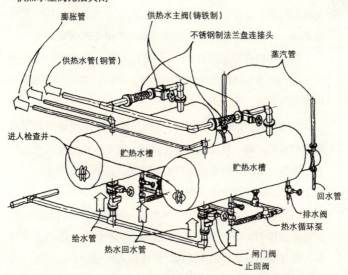

供热水主阀短时间内无法关闭的铸铁阀门电化学腐蚀(示例)

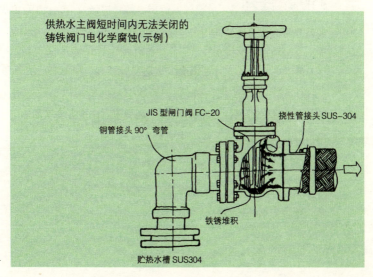

案例1 虽然更换了阀门,但并未真正解决问题。原计划将阀门改为耐腐蚀性的优质材料,但在本案例中因给水管也被腐蚀,所以对此进行综合分析后制定了相应的对策。

供给水的残留氯高达1ppm,而且对腐蚀的加快也有很大的影响,所以应采用最为经济的对策。今后,采用通过水质分析进行的管理也是必不可少的。

案例2 对青铜阀进行了更换,而阀杆是不易引起脱锌腐蚀的材质。因一旦发生脱锌现象时,该水系也会对其他阀门有所影响,所以应就其他阀门的更换问题制定相应计划。

(1) 小口径阀门类(青铜制):

供热水阀(青铜制)中经常出现问题的是阀杆,阀杆采用螺栓式连接时,螺栓的一部分出现损坏;而采用挂钩式连接时,钩挂阀体的部分出现脱钩,阀体落入阀箱内,所以阀门无法打开。

为防止此类故障的发生,阀杆应采用具有耐腐蚀性的材料。最近,各生产厂家纷纷出售不易发生脱锌的制品。

另外,如果采用青铜制或不锈钢制的球阀,那就不必再担心阀杆的腐蚀问题了。最近将闸阀改为球阀的用户也开始增多。不必只限定于JIS型闸阀,而应选择耐腐蚀性好的制品。

(2) 大口径阀门类(铸铁制):

大口径阀门类一般经常使用的是普通阀门、铸铁阀门,但在供热水系统等容易出现腐蚀的场所则应选择具有耐腐蚀性的材料。

如果阀门主体、阀体、阀杆均采用不锈钢制或青铜制的制品，那就不用再担心会出现腐蚀问题了，不过其缺点是价格太贵。用于建筑设备配管的主流阀门是闸阀，但最近出现了下述倾向：采用把球阀与耐热涂胶、耐热树脂涂覆的阀体组合成的蝶形阀。这些阀门的止水功能都非常好，均属于经济型的耐腐蚀阀门。

[词语解释]
- 闸　阀……与闸门阀相同，英文为 Gate Valve。
- 球　阀……具有与球形阀体相对应的阀座。是类似于旋塞的阀门。
- 蝶形阀……指具有下述结构的阀门：即在与管径同径的阀箱内，阀体以阀杆为中心旋转后对流体的流量进行调节，旋转90°便可气密关闭。

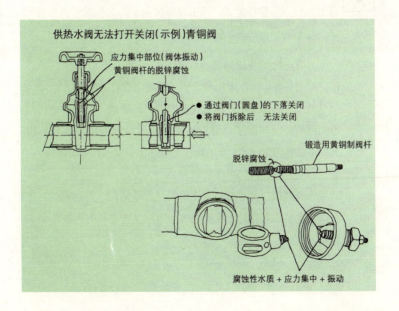

35 切不可一味迷信于不锈钢

▶**不锈钢的塑性加工是产生变质的原因所在**◀

1 安装在超高层建筑中间层火灾自动喷洒系统加压送水装置吸入配管的防震接头出现渗漏。

2 安装在建筑物伸缩缝处的不锈钢制挠性联轴节出现渗漏。

3 城市用水引水管（自来水管道）与水箱连接部位的不锈钢制挠性联轴节在短时间内出现渗漏。

案例1 配管采用的是预制加工品，并以碳素钢未镀锌普通钢管作为焊接配管。因未将焊接加工时飞溅的焊渣清除干净，与不锈钢制品的防震接头接触后，便产生电化学腐蚀。

案例2 众所周知，耐腐蚀性因不锈钢种类的不同而有所不同，而且当进行塑性变形加工时，非磁性的不锈钢就会带有磁性。另外，不合理的塑性变形也会产生厚度不等及加工硬化。敏感化的温度应为 400～900℃，当该温度域逐渐冷却时，金属铬析出后就会变质。

本案例中所用部件是一种将蛇形管截成适当长度，并将活动凸缘搭接后焊接的制品，但未进行热处理。

防震连接头的腐蚀原因

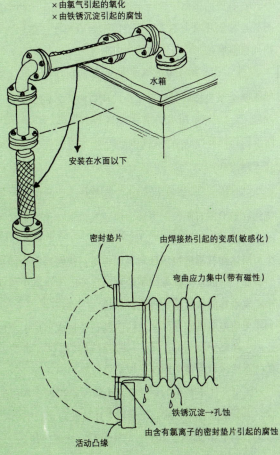

案例3　因不锈钢制挠性连接头安装在水箱上部的横向引水管处，所以当远程式水位调节阀关闭时含有氯气的空气就会滞留并产生腐蚀。

在其他的案例中，当不锈钢制挠性连接头的凸缘使用密封石棉连接垫片时，不锈钢便会因密封石棉连接垫片所含氯的析出而受到腐蚀。

案例1　将水泵吸入管的不锈钢制挠性连接头拆除，并插入两个维克托利克型管接头（耐震接头）的短管后便解决了问题。

案例2　将生产不锈钢制挠性连接头的厂家更换为制造技术精湛的厂家。

案例3　希望采用可在水箱底面以下的位置对不锈钢制挠性联轴节进行更换的方法，但一般都选择设在经常有水残留的立管之上。原因就在于防震效果好，便于支承铁件的安装。

虽然在石棉连接垫片中可以将不锈钢密封垫片换成耐腐蚀的制品，但因本案例是用于给水的，所以便将其更换成水罐生产厂家推荐的橡胶制密封垫片。

无论是不锈钢制品的共同问题，还是成型加工品的最终热处理，都应对究竟应当进行什么样的质量管理进行调查。另外，在焊接时应采用氩保护焊。

因奥氏体不锈钢的焊接容易受温度的影响，所以应加以注意。为了消除这种影响，可通过下述方法防止敏感化：

① 焊接后加热至 1050～1100℃后，快速冷却。

② 使用碳含量 0.03% 以下的钢种。

③ 使用添加有 Ti 及 Nb 的钢种。

等等。

因不锈钢在卤素离子存在的情况下会产生腐蚀,所以应对含有氯气等的环境加以注意。另外,当使用石棉连接垫片时,当然应当使用那些不会析出氯离子的制品,而且在进行作业时还应注意不要戴着脏手套进行操作等。

36　来自蚁穴般小孔的渗漏

▶需要进行耐腐蚀的是哪些部位，内表面·外表面◀

使用的耐腐蚀钢管的配管在短时间内出现渗漏。配管的外表面缠有防腐带。

金属是电的良导体，容易产生电化学性腐蚀。在干燥的空气中，极易防腐，相反在含有水分的环境下却不易防腐。特别是埋设配管极易产生腐蚀，用于下述场所的配管就比较容易产生该现象：

（1）地下埋设管线：

① 建设用地、填海造地。

② 工厂废墟地。

③ 海岸附近。

④ 电车轨道附近。

对于因建筑物贯通部的基础混凝土与配管的接触造成的腐蚀，应特别应加以注意。

（2）混凝土埋设配管：

① 炉渣混凝土埋设配管。

② 轻质（气泡）混凝土埋设配管。

③ 混凝土砌块埋设配管。

当处于湿润的环境时，上述场所极易出现腐蚀。

最近经常可以看到尽管已经进行了防腐带的缠绕处理，但却因来自外部的腐蚀被贯通后出现渗漏的案例。

如果进行一下调查，就会发现防腐带已经破损。在进行埋设时，防腐带被回填时的石头等划伤的情况屡见不鲜。

① 防腐带破损，破损部位出现腐蚀。

② 因有防腐带漏缠的部分，所以水便由漏缠部位渗入，集中产生腐蚀。

对于此类案例，特别是接头及那些凸凹不平的部分，在进行防腐盘带的缠绕处理时很难做到完全密封，该处是容易产生腐蚀的部位。

千里之堤溃于蚁穴
耐腐蚀钢管在短时间内出现孔蚀渗漏

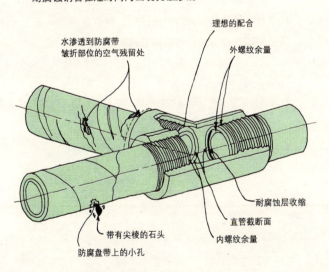

螺纹接头也很难保证耐腐蚀性

在防止埋设配管外部腐蚀的方法中,包括以下各项内容:

① 应对如何避免采用埋设配管的线路进行研究。

② 应避免采用金属管,而采用塑料配管。

③ 当采用金属管时,应采用外表面一侧镀覆树脂的钢管。

④ 用防腐带等对防锈油胶带的上方进行外层涂覆,并使之与配管紧密相贴。

⑤ 为防止配管直接与主体接触,应对建筑物的贯通部进行防护处理。

⑥ 配管应将绝缘接头插入到由地下埋设贯通建筑物的部位处。

在对凸缘接头进行连接时,特别是在对凸凹不平严重的部位进行缠绕防腐带的防护处理时,很难做到完全密封。这时应避免采用这种方法,可采用其他的方法。

[词语解释]
- 防锈油胶带……一种油性的防腐包覆材料,因是用油脂将表面进行包覆的,所以耐水性极好。
- 防腐带……指耐候性、耐水性好、防腐用树脂胶带。
- 外层涂覆……指对外表面进行的包覆处理。

6 与给水·供热水
有关的故障

37 入乡随俗

▶不同的地形·地域具有不同的指导方针◀

市町村的自来水公司管理者对配管材料、接头等进行了单方面的指定。指定的配管材料适用于与给水管直接连接的给水装置。如果使用了非指定材料，就会出现难以预料的问题。

至于指定材料的购买，有的地区要求必须按指定工程商会规定的价格购进。如果在市场上购买，用很便宜的价格就可以筹措到。如果用一般的筹措价进行计算，就会有很大的差价。

市町村的自来水公司管理者是根据该地域的特性来选择决定配管材料的。

例如：

① 如果地域存在高低差，就应选择可以抵御水压、水量变化带来各种冲击的材料。

② 如果地质表明为酸性土壤，就应选择耐腐蚀性好的材料。

③ 对于软弱地基，应选择与之相适应的材料。

④ 对于容易出现冻结的部位，应指定与之相适应的材料、泄水装置、冻结深度以上的埋设深度。

等等。

即使自来水公司管理者指定的配管材料、接头、器具等在其他的地域使用时没有出现问题，但地域不同时就有可能会出现问题。就会因进行配管时的外部环境而发生变化。

为保证设计、施工的顺利进行,正确地理解自来水公司管理者规定的规格就是最好的解决方案。

　　直接与给水管连接部分(给水装置)的工程只能由自来水公司管理者规定的工程公司进行施工。

　　指定的工程公司是按照自来水公司管理者规定的标准进行施工的专业公司,当紧急情况发生时可根据自来水公司管理者要求出动的请求采取相应的行动。

　　一般在因工程施工的需要临时引入的给水中,正式引入条件也没有改变。

　　那种认为只要给水引入工程完成建筑物内的工程就可以随意进行是一种轻率的想法。与给水管直接连接部分的工程必须以自来水公司管理者的标准为准。另外,即使是贮水槽以下的部分也有规定的位置,所以一定要加以注意。

　　特别应当加以注意的是快速热水器、水冷却器。另外,还应对浴缸等的配套设施加以注意。

　　也有的城市规定,配管、接头、阀门、水龙头、水表、远程式水表计量装置与缆索都必须从自来水公司商会购买。

入乡随俗

在建筑物的外周应留有一定的空间
应注意口径 75mm 以上的水表装置
K 市案例

水表的安装位置不得造成污染·损伤
应选择在道路附近,即使家中没人
也可以查询计数的场所

38 接头脱落引起的混乱

▶配管渗漏不能简单处理◀

配管的渗漏事故时有发生。因配管的种类、接头形状、接合方法、口径的不同，各种事故所表现的现象也不同，而且受损的情况也各不相同。其中出现较多的事故就是接头脱落。

（1）在接头脱落的事例中，出现问题最多的配管就是硬质聚氯乙烯管。

硬质聚氯乙烯管通常是在成型的乙烯管接头处，通过黏结剂插入配管后进行接合的。接头的形状为锥形，而且因胶黏剂的作用乙烯管表面出现膨润，以及通过配管的压入力可以进行接合，但当出现下述原因等时就会造成接合不良：

① 配管管端面的毛刺清除不彻底。
② 胶黏剂的涂刷不匀有色斑。
③ 配管对接头的插入量不足。
④ 用胶黏剂进行接合后，干燥的时间不够。
⑤ 接合部位粘有油污等不纯物。
⑥ 忘记涂刷黏结剂。

（2）除硬质聚氯乙烯管外，还有铸铁管引起的脱落。

铸铁管的脱落多发生于接头，由于机械接合不良的情况。机械接合是一种通过垫圈、凸缘、螺栓螺母进行接合的方法，但当出现下述原因等时就会引起脱落：

① 螺栓的紧固不足，特别是地下埋设部分，很多部位的紧固作业都很难操作。

② 因对螺栓进行一侧紧固引起的脱落。
③ 未按规定要求放入橡胶垫圈。
④ 泥沙等进入接合部分。

硬质聚氯乙烯管接头加工的基本内容

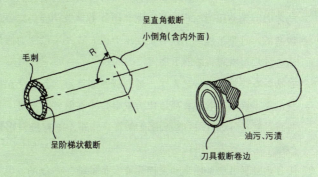

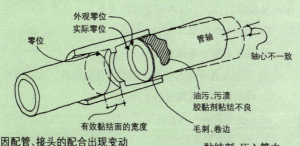

因配管、接头的配合出现变动
先施工一侧较深
后施工的接头较浅
因插入力的强弱而出现变动
如果骤然加大冲击力,管接头就会出现开裂
厂家生产的不同配管、接头的误差大
因黏结剂批号、生产厂家的不同而异

黏结剂、压入管内
黏结面破损
带入空气
黏结面压力不足

因作业人员往往不重视硬质聚氯乙烯管的接合，所以施工管理人员就应按照施工要领书对作业人员进行指导。这一点是极为重要的。

并非是什么人都能轻易掌握硬质聚氯乙烯管的接合操作，如果未能采用正确的施工方法就会酿成大祸。

在最近的一些案例中，也有是因管内的压力变化引起水锤的原因，致使压力出现反复变动并使外力集中在接头以致引起脱落的。这类事例的给水方式在压力罐方式及不设压力罐的增压方式中经常可以看到。

除此之外还有硬质聚氯乙烯的线膨胀系数大，并受温度变化的影响而膨胀收缩，所以应力就会集中在管接头等处，当接头等的接合不充分时就会出现脱落。另外，也有接头出现裂纹的。

虽然铸铁管的脱落也有因作业人员的疏忽造成的，但当采用机械接合时，对于那些出现高压力及水锤等的场所，应采取防止脱落的措施。

① 采用可防止脱落的接头。

② 为防止在管弯头等接头的部分出现脱落，应进行固定。

③ 应对配管进行固定。

 关于硬质聚氯乙烯管的接合，当在冬季等黏结剂不易干燥的季节时，应特别加以注意。

另外,用黏结剂进行接合后不要立即通水,应在黏结剂充分干燥后再开始通水。

[词语解释]
- 机械接合……一种直管部分插入承口内,缝隙处垫以断面为楔状的橡胶圈,通过挤压垫圈加以紧固的接头。
- 线膨胀系数……固体随着温度的变化反复膨胀收缩。为标准温度条件下的膨胀长度。

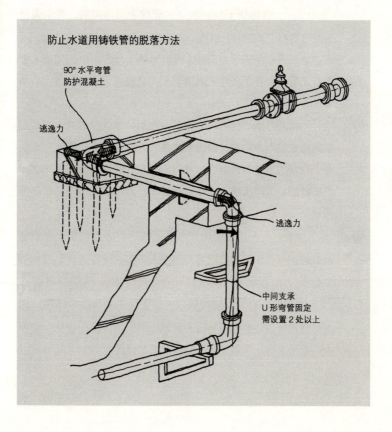

防止水道用铸铁管的脱落方法

39 不匹配的水表总表与分表

▶应注意水表的性能◀

1 水表总表与分表的计量出现了很大的差异，主要是由于集中查询计量数造成的。水表总表的计量用数异常得少。

2 在得到了自来水公司管理者的许可后，将水表呈直列状进行了安装。1 组为自来水公司管理者的水表总表，在下游处从大楼生活水箱用给水管开始将大楼共用空调用给水管进行了分支。在大楼贮水槽用给水管处安装了水表分表，省略了大楼共用空调用的水表。

用水表总表与分表（大楼贮水槽用）的计量差对大楼共用空调用水进行了计量，但因未注意到大楼贮水槽用给水管水表分表存在的故障而提出支付水费的要求，所以尽管正值用水较少的时期，但却出现了不知大楼共用空调用水为何却异常多等问题。

案例1 在本案例中，水表的滤网中心部位集中有细小的砂粒，所以水流由滤网的外周流入后便在计量齿轮的周围形成合流，并因所产生的湍流致使计量出现误差。

案例2 自来水公司管理者水表（引入水表）单位时间的计量水量与安装在下侧水表的单位时间的计量水量的性能存在一定的差异，下游水表计量出的流量过大。

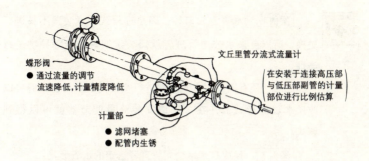

水表总表与分表的性能不一样
大楼共用部分的用水量 = 水表总表计量值 − 水表分表计量值

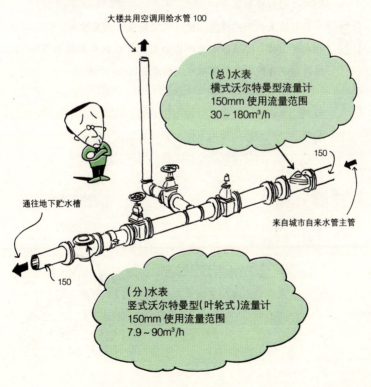

案例1 水表为大口径,因是远程式计量装置不易进行更换,所以自来水公司管理者就需要定期对细砂等异物进行清理。

之后,还有需要对水表定期进行交换的交换日,这时可以改换水表的形式,并在一次侧安装流量调节器就可以得到解决。

案例2 换成自来水公司管理者选定的水表形式。

即使自来水表的口径相同,但也决不可忘记计量范围因不同形式而有所差异。

 虽然水表形式的选定是以标准流量作为基准的,但当连续通水时,就应按照日本通产省规定的计量标准值的40%使用。另外,还有按生产厂家对水表形式加以选择的标准。

流量测量仪表（亦称流量计、水量计、水表）的种类

- **以切线方向流入的叶轮式水表——速度式水表**

    用以累计流过管道中水的总量的流量测量仪表。内部装有可旋转的叶轮，水经叶轮盒的下排孔以切线方向流入，推动叶轮旋转，然后通过上排孔流出。叶轮转数与流过水表的总量成正比，叶轮的转动经齿轮减速后带动记数器，在度盘上累计流过水表的总水量。分为湿式水表和干式水表。

- **文丘里管＊分流式流量计**

    文丘里管的压差部位设有旁通管，旁通管上装有小型流量计。通过流体流经文丘里管＊时产生的压差即可算出流量，并由此推算出流过管道的总水量。

- **沃尔特曼型（叶轮式）流量计**

    又称轴流叶轮式流量计。带有旋轮叶轮的轴沿流水管道轴线方向安装，因是按流量进行旋转的，所以一般当需要流量变化较少的水量时多采用这种流量计。

- **复合型流量计**

    2个流量计呈直列状组合，当流量小时由分表对水的流量进行计量，流量大时则由总表对水的流量进行计量。但因流量小时也可以使总表透平叶轮发挥作用，所以可以准确进行计量。

- **液封式流量计（液封式水表）**

    计数器是以必要指示部 m^3 单位以上作为直读式，并通过用特殊液体将计数器封住而与流入水完全隔开，计数清晰便于读取。

- **远程指示型流量计**

    用于水表的远程·集中·自动计数器系统。

- **热水流量计**

    又称热量计。其结构与水表相同，使用特殊磁性连轴节后便可以将指示机构与计量室完全隔开。

＊ 文丘里管是一段截面不同的管段，由在两段锥形管中间的一段短直管或孔颈构成，两端向中部逐渐缩小，中部是一段等直径的喉部。流体经流文丘里管时在管道入口和喉部处产生压差，在取压孔处测出此压差，即可算出流量。——译者注

40 集中用水引起的供水不足

▶**对负荷变动的考虑**◀

案例

<u>1</u> 宗教团体的集会场所平时只有 5~6 名分部的人员来这里上班,但当有支部总会或研修活动时,大批人员抵达后高位生活水箱的低水位报警器就会发出警报并断水。

<u>2</u> 平时宗教团体活动场所的常驻人员只有 20 人左右,但当遇有每月小祭·大祭,以及其他的纪念活动时,参加活动的信徒就高达 1500~2000 人,水量远远不足。

原因

案例1 参加集会的人 30 分钟即可达 50~100 人,短时间内就会有众多的人集中使用厕所。因绝大多数的使用者为女性,都要使用大便器,以致用水量大增。另一方面水管的供水压力低,流入贮水槽的水量不足造成扬水泵扬水量的不足,高置生活水箱低水位报警器便开始工作。

案例2 虽然给水引入管管径为 25mm,浴池用的贮水槽容积为 15m³,但绝对需要量远远不足。因活动场所常驻人员少,使用的水量也不多,每月的基本水费也很少,所以 25mm 的引入管径也就足够用了。为节省维修管理费,所以不愿将给水引入管换成大口径的引入管。

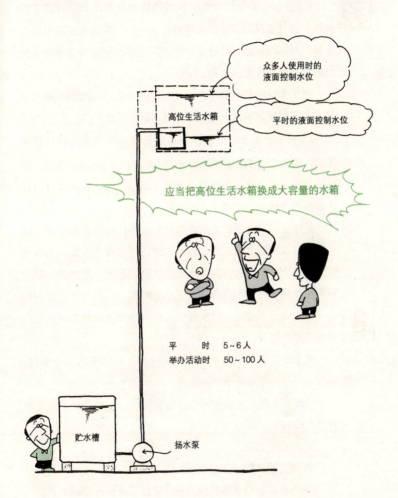

[案例1] 变更贮水槽不仅必须得到自来水公司管理者的认可，而且也没有增设贮水槽的多余空间。为能在屋顶安装广告牌已对其结构进行了计算，所以决定增设集会时也能满足使用的大容量高位生活水箱。

由于平时的贮水量可以少一些，因此通过由液面控制对平时·非常时期的水位进行调节就可以解决问题了。

[案例2] 由于宗教团体是通过信徒的捐款来维持日常开支的，因此应对捐款进行有效的运用。因平时的用水量少，所以活动场所的负责人当然就会选择采用小口径的引入管，而且为解决上述问题还考虑了下述对策。

采用了将原有的贮水槽作为副贮水槽使用并在地下新增设一个大容量的贮水槽，通过副贮水槽的排水阀使水流入大容量贮水槽的方法。因大容量贮水槽是长时间在地下贮水的，故应避免做饮用水用，而应将其用于冲洗厕所。

自来水公司管理者对水管引入管口径加以限制的倾向今后将越来越严格。

对于那些使用频率不同的建筑物及女性较多的工作单位，应对大便器的使用频率加以注意。

考虑节水就是考虑如何经济地使用水。这也是最大限度地利用水的功能。如：

① 水的再利用。

② 浴池用水的循环过滤。

③ 为确保各给水器具的功能，采用了最佳水量的出水。

等等。

与给水·供热水有关的故障 161

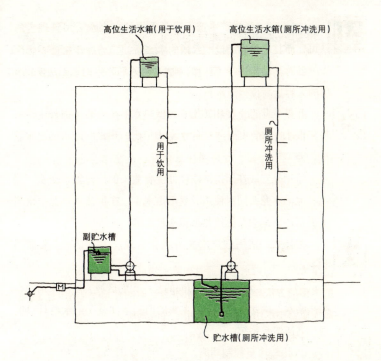

生活环境及工作环境主要使用的是冲洗水,有效地利用冲洗水与节水有一定的关系。节水型大便器及节水型挡块就是一个典型的例子。

[词语解释]
- 节水型大便器……大便器的冲洗用水量 1 次可节水 8~10L。因冲洗水的水压速度快,故可大大减少水的使用量。
- 节水型挡块……具有控制 JIS 规格水龙头口径面积作用的垫块,节水效果显著。

41　可望而不可及的进口水龙头

▶**高价的水龙头在水压不足时也无法使用**◀

在低压状态下使用的给水·供热水系统安装了国外生产的冷热混水龙头，与日本产的水龙头相比，热水和冷水的出水状况较差。

特别是安装在厨房洗涤台处洗碗喷头的冷热混水龙头，当与其他的水龙头同时使用时就不出水了。在供热水热源中出现了低压热水锅炉及快速热水器两起故障。

为什么一使用进口水龙头就会出现压力不足？主要原因如下：

①因国外的自来水管面向的是广大的区域，所以采用的是高压给水。因此，使用该水龙头的前提条件就是给水器具只能用于高压给水系统。

②内置流量控制功能。

③内置用于保护小直径管道的过滤网。

④内置防止逆流·真空破坏阀。

⑤内置温度调节装置。

因这种水龙头具有如此多的功能，所以遇有复杂的管道就需要具有大摩擦损失的水位差。

虽然我们对国外自来水管的详情并不知晓，但因是以高压和大容量的供水为前提，而且国外的高层建筑也十分先进，所以也有允许与加压送水装置（如水泵）进行直接连接的。

向水龙头提供合适流量的方式（示例）

JIS型水龙头是过量流出·压力变动的罪魁祸首

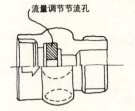

下图的数字为1分钟的流量值（示例）

流量调节阀（示例）

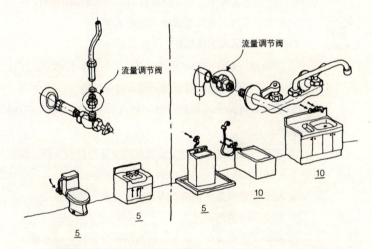

在进口水龙头与JIS型水龙头的并设配管系统中，可通过流量调节阀对水量进行调整，以使压力变动减小

在日本国内，自来水的运营也因管理者供水规定的不同而不尽相同，但一般都是以较低水压进行送水的。

所以，日本的水龙头功能具有下述特点：

① 水压变化小。

② 水龙头类采用的是比较简单的结构。

③ 结构为水流阻力小的结构。

④ 不允许采用高层水管直接连接的给水（普通3层以上）。

等等，完全不同于外国。

在进口的水龙头中，很多给水器具都需要较高的压力。

使给水的压力上升就是解决问题的条件。

对此，可以采取下述措施：

① 为能使该系统的给水压力增高，可以设置加压泵。当已经具有加压泵给水能力时就要变更压力的设计值。

② 必须将供热水系统的供热锅炉改为高压（中压）用的供热锅炉。

③ 在日本国产水龙头上安装节水挡块及流量调节器，以取得整个水量及水压平衡。

④ 改变配管线路，将进口水龙头安装在上游侧。

⑤ 避免同时使用水龙头。

⑥ 改变水源的水位。例如，将高位生活水箱的位置提升。

当使用进口水龙头时，应注意以下各项事项：

① 对水龙头器具的进口商进行确认后，还应对进口商提供的表示水龙头出水量与水压关系的性能曲线加以了解。

② 为能确保必要的压力，应改变给水系统并提升生活水箱的置放位置。

同样，为能确保供热水的压力，应将供热锅炉改为高压（中压）供热锅炉。

③ 当供热水采用快速热水器时，就会出现压力降低及水温变化大，所以应对此加以注意。

④ 当与日本国产的水龙头混合使用时，应分别在国产水龙头处安装流量调节器，并对水量进行调节。

⑤ 当需将进口水龙头安装在与自来水管直接连接的部位时，应得到自来水公司管理者的认可。

⑥ 应将进口水龙头安装在日本国产水龙头的上游侧。

42 意想不到的"亲密接触"

▶淋浴器水温变化带来的烫伤◀

在使用淋浴器时,只要其他的水龙头一被打开水压就会出现变动,时冷时热的喷淋水对入浴者的刺激很大,容易被水烫伤或引起心脏麻痹,极不舒服。故而提出无论如何也要加以改进的要求。

① 配管的一次侧压力变化时:

当给水系统与供热水系统的压力不同时,冷水与热水混合的水龙头、淋浴器就会出现压力变动。应使压力能够保持平衡。

② 配管的二次侧压力变化时:

当给水系统与供热水系统的一次压力为相同压力时,淋浴器也会出现压力变动。这是因为大多都将冷热水混合式水龙头用于盥洗池、洗涤台、洗衣机用的水龙头等,而且并未单独对淋浴系统加以考虑的缘故所致。

因是由水压、水量或水温中某一因素出现的变动导致了问题的发生,所以对此很难加以防范。所有的卫生洁具都需要使用给水管,热水管只能与特定的器具进行连接。

与给水管较粗相反,热水管太细,水量稍有变化在淋浴器的使用过程中就会有所体现。由于水的温度是通过身体来感觉的,因此非常危险。

究其原因，无非与"热"有关

所用的淋浴器安装位置最高
同时打开其他的水龙头水压就会骤变，
用热水淋浴时十分危险

对水龙头的口径加以控制
对流量加以控制
对水龙头使用数量加以控制

应采取——

① 应装有给水系统与供热水系统为相同压力的减压装置。

② 应在冷热水混合部位采用具有保持平衡功能的阀门装置。

③ 当采用电热水器等时，应由减压给水装置的二次侧进行给水·供热水管的配管作业。

④ 卫生洁具上应装有流量调节器。通过上述措施，可以减少压力的变动，缓解水温的变化。供给水压较低时，就很难与之对应。

① 当采用冷热水混合式水龙头时，给水·供热水的管内压力应为相同压力。

② 当使用淋浴器、混合水龙头时，最好采用具有压力平衡装置、水量调节装置的器具。

③ 在使用淋浴器的过程中，应对其他水龙头的使用加以限制。

④ 防止因配管材料而出现的生锈。

给水·供热水管与多孔管相同

水压试验的过程中可通过少量的渗漏进行减压
水龙头的打开与大量渗漏相同
13mm 水龙头挡块座的口径为 9mm 与 12mm
冷热水混合应为两处同时开启口径
无论使用哪个水龙头,水管内的流动都会出现变动
即使是供给压力二次侧水压也不一样

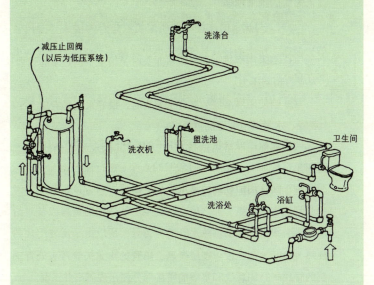

应采用节水型挡块
可以通过对水龙头口径的徐徐加大来解决压力的变动问题
无论多小的缝隙水也能顺畅流过

43 受热后变形的聚氯乙烯管

▶因热水而略微变形的硬质聚氯乙烯管◀

[1] 餐馆厨房的硬质聚氯乙烯管出现漏水。因大量的冲刷水会使厨房内配管的外部受到腐蚀,所以一般使用硬质聚氯乙烯管的越来越多。

[2] 与热水槽连接的硬质聚氯乙烯管的接头(阀门套节)脱落。所幸的是只是管道间内出现漏水,所以所造成的损失并不大。

案例1 与使用热水的面食用炉灶相邻的给水管受热软化后变形,水龙头用接头的垫圈脱落。

硬质聚氯乙烯管在热力作用下的软化温度为80℃以上,并需在热熔敷加工温度120~150℃的条件下进行加工。

位于面食用炉灶侧的给水管为外露式配管,该配管时不时会受到热水的淋溅。加之还有面食用炉灶热气的蒸烤以及对给水龙头有很大影响的供热水管的热传导,所以由于反复出现的加热·冷却,与埋设于硬质聚氯乙烯管的水龙头管弯头处青铜制的管用平行阴螺纹和垫圈的密接部分便出现剥离并渗漏。

案例2 贮热水槽的止回阀上挂有锈渍,防止逆流的功能下降,并出现热移动。

考虑到热影响,通往贮热水槽的给水管采用了长约30m的铜管。贮热水槽的给水侧装有闸门阀、量水器和止回阀,而且通常不会对逆流加以考虑。但是,与距30m远的闸门阀连接后安装的接头(阀门套节)受热软化后造成脱落。

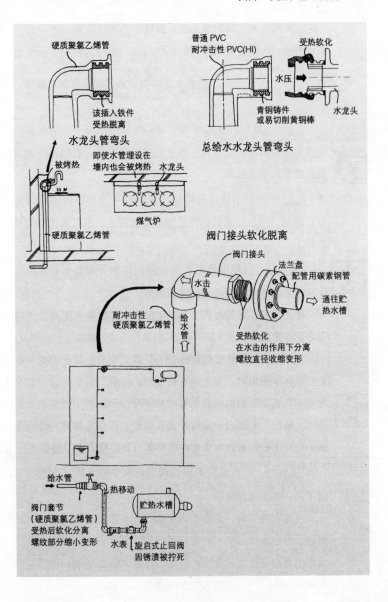

止回阀、闸门阀和量水器等铸铁制品腐蚀严重，止回阀上挂有锈渍，止水功能下降，出现热移动。同时，如果下层的用水量大，贮热水槽的热水便会处于逆流状态。

在热水逆流作用下出现软化的阀门套节因配管内压力的变动，螺牙变形并脱落。一般虽然可以正常地看到螺牙，但实际已经产生了极为微妙的缩小。

案例1 将面食用炉灶周围洗涤台的给水管换成铜管，并进行了耐水包覆。

案例2 采用旋启式铸铁制止回阀，很难将泄漏量完全除去。为能使其完全闭合，金属与金属之间就不能直接接触，而应将橡胶等制品垫在阀门或阀门座处。

因铸铁制品易生锈，故应使用耐腐蚀性的青铜制及不锈钢制的止回阀与闸门阀。

对此，本案例采取了下述措施：更换了新的止回阀，将闸门阀等铸铁制品上的铁锈进行了清除，同时还更换了已经软化的阀门套节及硬质聚氯乙烯管，并安装了可改变真空环境的装置。最后再将其复原。

虽然旋启式止回阀安装在水流向上流动的部位时才会有效，但也有安装在向下流动的立管处的。将配管按45°的角度安装是旋启式止回阀的最佳安装角度。这是由于阀门是在本身自重的作用下将通道关闭，以提高阻止流体逆流功能的缘故。

生产厂家的标准制品中有将旋启式止回阀呈倾斜角度安装的制品，而且呈水平安装也已成为可能。

贮热水槽等加热供热水槽周围的配管用阀门等在采用耐腐蚀性良好的制品的同时，能够确保功能也是十分必要的。

与给水·供热水有关的故障 173

[词语解释]
- 水龙头管弯头……安装在配管前端的90°弯管接头,有适合于水龙头安装的形状。
- 止回阀……能够阻止流体回流的阀门,又称单向阀。

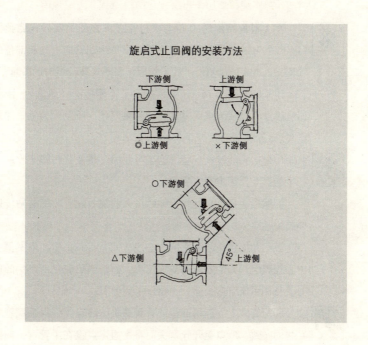

44　务必要使固定点稳固

▶变身为伸展管的伸缩接头◀

在大型食品配送中心主楼与管理栋之间的室外连廊顶棚（地上约4m）处装有供热水配管，供热水铜管向上立起部位的管弯头（40A）在使用了约1年后，因产生裂纹而出现渗漏。

建筑物间距为16m，中央安装了伸缩接头（单式）。因伸缩吸收量不足认为采用复式方能解决问题，所以改为复式伸缩接头。3个月后再次产生裂纹。

伸缩接头的较长直管是为了吸收因受热变化而膨胀收缩所产生的巨大作用力而安装的。

伸缩接头具有当配管拉伸时可以收缩，配管收缩时则可以伸展的性质。

虽然伸缩接头与配管的中心线应完全一致，但在本案例中中心线因管弯头的安装而造成偏心，而且当热变化所产生的应力反复作用于管弯头后，便出现了疲劳裂纹。

因配管向上立起的部位装有管弯头，而且为能保证配管中心线的一致，所以避开管弯头而将主固定点设在了管弯头前面的直管部位。

当使用伸缩接头时，应采用可使管中心线一致的导向装置铁件，并绘制标明这些安装方式的施工详图，同时还应将产生应力的问题传达给建筑施工公司。

另外，因室外连廊地上约4m处的配管在强风的作用下容易出现热流失，而且为了防止温差引起的伸缩，应采取充分的保温措施。

变身为伸展接头的伸缩接头

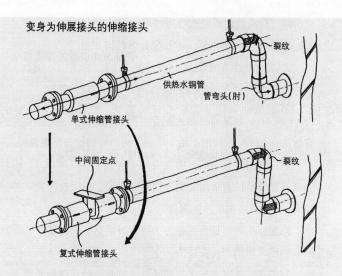

供热水配管弯管产生裂纹的原因

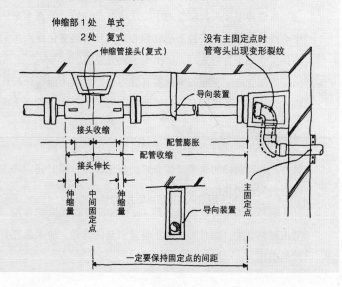

伸缩接头的使用注意事项如下：

① 决定安装的间距，并决定配管的固定点。

② 应设置在直管部分。

③ 若设置在弯管部分，就会产生偏心、纵向弯曲。

④ 如果伸缩接头处没有导向装置，配管就会出现纵向弯曲。

⑤ 当配管的温度变化不大时，可以不设伸缩接头。

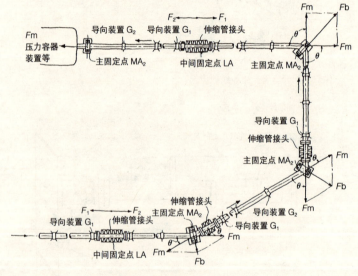

作用于固定点与中间点的力与方向

与给水·供热水有关的故障　177

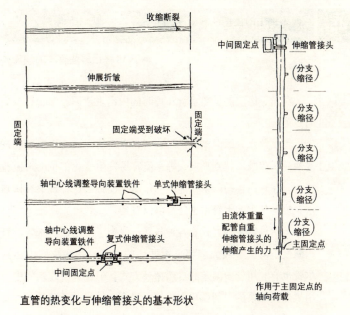

直管的热变化与伸缩管接头的基本形状

作用于主固定点的轴向荷载

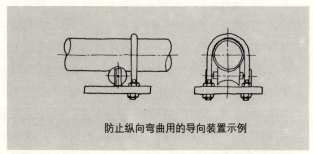

防止纵向弯曲用的导向装置示例

45 给水管也会患"胃溃疡"

▶应当终止那些有害的湍流◀

宾馆、医院的供热水管在短时间内出现渗漏。配管材料用的是铜管。

将供热水管纵向剖开进行查看,发现管内表面出现了物理侵蚀——溃蚀。特别是接头等水流容易发生变化部位的水流流速快,在管内容易产生气泡的部位出现溃蚀。这种现象在供热水系统的热水回水管中也经常可以看到。

虽然供热水的方式有各种各样,但为了防止供热水管的管内温度下降,一般大多都采用循环的方式(指中央式供热)。尽管也有利用管内温差的自然循环方式,但在大型建筑物中采用供热循环泵的强制循环方式的也很多。供热循环泵的功能就是为了"使低温热水流动",并辅助自然循环,所以其目的就是通过散热使温度降低的热水能够流动,并送入加热装置(贮热水槽)。

现在的问题是,在设置供热循环泵的建筑物中,具有循环泵的运转时间长、使用时间集中等严重问题,发生此类故障的较多。因是通过供热循环泵使平时用水以较快的流速在供热水管及热水回水管内进行循环的,所以水管的弯曲部位就会出现湍流以致损伤管壁,这就是所谓的对金属表面的物理侵蚀——溃蚀。

为防止铜管的溃蚀,应采用下述措施:
① 供热水管及热水回水管的管内流速最好在 1.2m/s 以内。

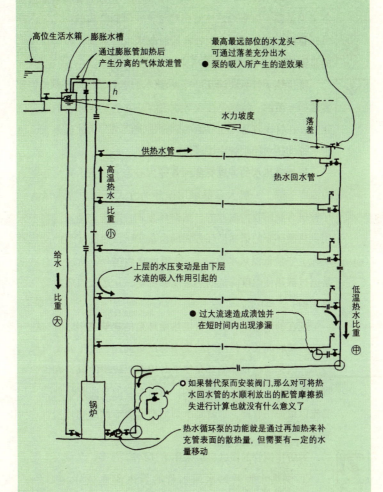

虽然防止管内气泡停滞与尺寸有关，但管内的最低流速应为0.3~0.6m/s。

② 应尽量抑制供热水循环泵的容量、扬程。作为自然循环的辅助手段，应采用最佳的循环量，并限制管内的流速，选择低扬程间歇式循环泵。

③ 供热水温度应在60℃以下。

④ 应采用容易将供热水管及热水回水管管内气体排出的配管线路。

⑤ 应在配管的顶部安装空气排气阀及排气管。

⑥ 接头部位不得发生湍流。

应尽量采用弯曲度较缓的管弯头。

铜管的溃蚀原因(示例)

加热膨胀空气压 在接头上部产生气泡
喷枪
焊条
刀具截断缩径
焊料漏出
铜管
溃蚀
沿流动产生溃蚀（气蚀现象）
上部气泡
产生切断不良斜角
溃蚀
过剩的软钎料流入 过热（边加热边熔融软钎料）
溃蚀
气泡（过热的空气残留在软钎料层）
因膨胀收缩出现裂纹

因热水造成溃蚀的条件
温度 60→80℃
压力 >0.5kgf/cm²
流速 >1.0m/sec
水质 含有碳酸气

贮热水槽

供热水循环泵
不能以大代小
大不一定总是非常好的
循环水量、扬程应尽量小一些

供热水管(铜管)

溃蚀(管壁变薄)

流速不要太快
防止气泡的产生

7 与排水有关的故障

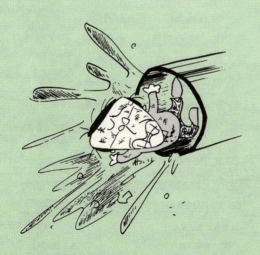

46 决不可以大代小

▶坡度不足致使污物无法排出◀

事情发生在饭店进行改修工程之际。

客房层的下面是顶棚很高的宴会厅,污水管无法朝下安装。饭店内配备厅内没有柱子的宴会厅也是必要的,按下述方针进行了工程的施工:

① 在宴会厅的顶棚处进行了污水横向管的配管作业。

② 因顶棚为四周凹圆吊顶,所以便在其周围进行了主管的配管。

③ 各系统的下垂管采用的是可到达其周围的横向配管。

④ 一立管负责两处的横向主管。

⑤ 因横向主管的坡度较小,所以采用了粗口径的配管。

投入使用后仅过数月,排水的流动状态便出现异常,所以提出进行检查的要求。

最下部客房的排气口及回水弯管(水封)出现严重晃动。

对饭店客房排水量的估算过大,且管径过粗,由于下述原因管内的空气压力出现瞬间性的变动。

① 横向主管的水较满,最先流出的只有水的部分,污物则被沉淀在管内。

② 之后的排水便是在滞留的污物之上进行的。

③ 上游污物的滞留时间加长。

④ 因上述状况的反复出现,沉淀在管底的污物越积越多,而且当来自立管的流入量较大时,横向主管的管内空气压力便会在瞬间增加,排水管的压力出现变动。

⑤ 即使是横向主管，上游也容易出现类似的状况。

按合适的管径及坡度对横向主管进行施工是极为重要的，在本案例中是采用下述方法解决的。

① 从客房系统的排水主管上游流入其他系统的水。

② 使主管内保持最低的水深。

粗径的排水管反倒被堵塞

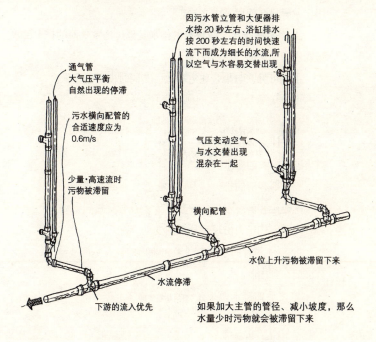

因饭店客房的平均用水量大、使用的时间段集中，所以使用频率高，通常卫生洁具配管设计都是采用留有一定余地的计算值。但是，城市饭店与旅馆不同，团体客人并不是同时使用浴缸的。

另外，与集合住宅相比也像以下各项那样，使用频率较低。

① 客房内可以容纳的人数有限。

② 平时客房很少能住满客人。

③ 浴室的器具、大便器、盥洗池、淋浴器并不是同时使用，一般只会使用其中之一。

④ 浴缸的排水与盥洗池的排水是经过浴室地面的排水回水弯管进行排水的。

由此可见，与集合住宅相比，其同时使用率很低。

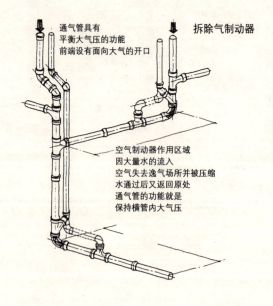

最下部通气管被污物堵塞

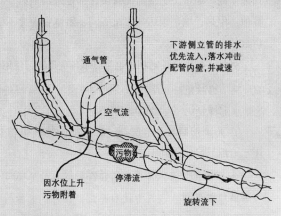

下游侧立管的排水优先流入，落水冲击配管内壁，并减速

通气管

空气流

因水位上升污物附着

污物

停滞流

旋转流下

小径管

快速、大量的水由排水立管流入横管，横管内的水位快速上升，使空气层加压。为了促进排水与空气的交替进行可增加配管的坡度

大径管

大口径管很容易使空气与水进行交替，但因水位上升少，污物浮力小，所以被沉淀在管底，水先流走。小坡度适合于具有大量排水的干线配管

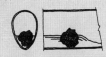

卵形管

因卵形管是纵长的，所以这是一种容易形成排水与空气的交替，底部断面积小水位上升快，污物在浮起的状态下会被推向远处的理想形状

污水横配管可以采用小坡度，推移沉淀于管底污物的推移流效果明显

47 发出咕嘟咕嘟声响的盥洗池

▶压缩空气冲破回水弯管的水封◀

尽管并未使用集合住宅的盥洗池，但仍不时发出咕嘟咕嘟的声响。当时正好在用同一系统的洗涤池，而洗涤池也如盥洗池排水那样发出了咕嘟咕嘟的声响。

① 因排水管采用的是地面排管式配管，所以无法进行通气。

② 很少设置通往各户的通气管。

③ 单管式排水通气方式只是将屋顶竖向通气管向上立起。因此，当未设置通气管时，便会处于一种管内充满的空气通过排水回水弯管而将出口封住的状态。

当在这种状态下进行排水时，就会出现下述状况：

① 即使排水管内的排水能够流入，但却没有空气的逸气场所。

② 虽然力图使管内的水与空气实现交替，但反而造成管内水流出现混乱。配管越细这种混乱状况就越严重。

③ 因是在地面板与楼板的狭窄空间进行配管的，所以无法保证有足够的坡度。

④ 空气与水的交替太慢，所以排水管内长时间处于满水状态，油脂粘附，内径缩小，流动不畅。

⑤ 尽管配管系统的其他排水管内的空气出现一时性压缩，但却连向外排出的压力都没有。

⑥ 当水势变强，空气被急速压缩时，就会在冲出回水弯管水封时发出咕嘟咕嘟的声音。

来自卫生洁具的咕嘟咕嘟声

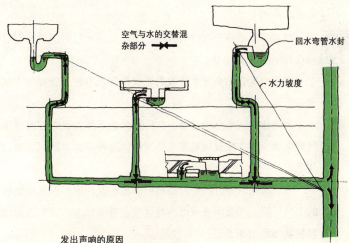

发出声响的原因
　因水力坡度存在流动优先顺序
　下游排水时,上游水位上升并滞留
　横管内壁上部稍稍粘附有污物
　断斜面的缩小与凸凹有所发展
　排水管与管末端设有水封,可将外气隔断
　若进行排水就会出现与停滞空气的交换
　小弯曲部、横管内的交换引起管内水流的大混乱
　空气为寻找逸气的场所而左右移动
　当凸凹表面的气泡移动时就会发出的咕嘟咕嘟声

污物的粘附越严重，水流出的时间就会越长，管内水位的晃动也就会更加厉害。当这种状态反复出现时，就会发出咕嘟咕嘟的声响。

因竣工后很难再次进行改建，所以每隔一段时间就应对管内进行一次冲洗。

将横向配管的杂排水管改为粗口径管也不失为较好的方法之一。

为加快空气与水的交替，在排水管的下游侧设置临时性空气聚集场所的方法被饭店客房所采用。这种方法也适用于集合住宅。

今后应采取的方法是，如果将排水管设计成卵形或椭圆形的小口径管，那么即使采用的是缓坡，空气与水的替换也能很容易就得到实现了。

① 应保证杂排水管具有足够的坡度。

② 横向杂排水管的管径应为粗径配管。

③ 应设有临时性的空气聚集场所。

今后有待解决的问题如下：

① 横向配管应考虑采用卵形管（现在没有75mm以下的小口径管）。

② 应开发研制可用于横向配管汇流部分的接头。

来自排水管的咕嘟咕嘟声

排水流入口通过水封将臭气封住

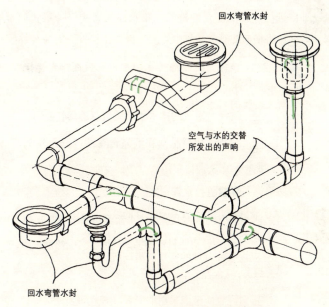

回水弯管水封

空气与水的交替所发出的声响

回水弯管水封

想使空气停滞能够持续下去
排水也想潜入到空气层的底部
压缩的空气将回水弯管的水封冲破
接触到大气时发出声响

48 好了伤疤忘了痛

▶ 洗涤池排水管处出现的排水不畅 ◀

案例

⌞1⌟ 洗涤台的洗涤池排水回水弯头（钟罩式回水弯）变形，排水不畅。

⌞2⌟ 洗涤台洗涤池排水回水弯头后面排水连接管的挠性管变形，排水不畅。

⌞3⌟ 洗涤台系统的排水用软质聚氯乙烯管变形。

⌞4⌟ 油脂固化后粘附在洗涤台系统的排水管上后造成堵塞，排水不畅。

⌞5⌟ 异物将排水管堵塞。

案例1 电热水器及快速热水器等热水水源从出热水的水龙头流入洗涤池内，树脂材料的钟罩式回水弯受热后变形。

案例2 原因与上项相同，树脂制的软质聚氯乙烯挠性管受热后变形。

案例3 原因与上项相同，树脂制的硬质聚氯乙烯管受热后变形。

当为经营性厨房时，因洗涤台的配管施工需先进行通往排水沟的埋设配管作业，所以使用配管用的碳素钢钢管与螺纹接头就很难与洗涤台进行连接。于是便用硬质聚氯乙烯管进行连接。但当遇有大量热水排放时硬质聚氯乙烯管就会出现变形。

医院的洗涤台也会出现与经营性厨房的洗涤台相同的问题，但也有因药品而出现膨润软化的情况。

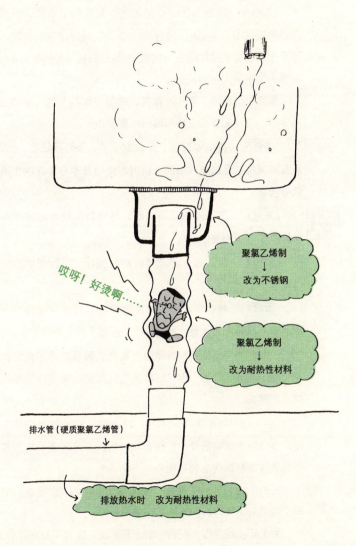

[案例4] 虽然烹饪学校都装有大型油脂分离器，但因洗涤台的使用率为100%，而且冲洗油脂是同时进行的，所以冷却固化的油脂便被粘附在回水弯头处。另外，回水弯头下面的配管也粘附了大量的油脂。

家庭用洗涤池主要作用就是将粘附在餐具上的大量残油冲洗干净，所以配管发生堵塞的时间就会缩短。

[案例5] 排水管被筷子以及刀、叉、汤匙等堵塞。另外，还有随便将茶叶根或残油倒入池内等使用者本身存在的生活习惯等问题。

[案例1] 因流入的是高温水，所以将洗涤池的排水回水弯换成了不锈钢制回水弯。

[案例2] 因该部位要求具有耐腐蚀性，所以便更换成耐热性硬质聚氯乙烯管。

[案例3] 与上项相同，因该部位需要具有耐腐蚀性，故更换成耐热性硬质聚氯乙烯管。

医院洗涤室系统的配管用硬质聚氯乙烯管进行了配管，蒸气泄漏出现软化变形，但这时将蒸气载荷控制阀进行修理后更换了配管。

[案例4] 当有残油流入时，应选用具有通过油脂分离器便可最大限度地将残油拦截等功能的制品，采用便于清理滞留于油脂分离器内残油的结构。

另外，为了尽快使流入的残油脂冷却固化，也可以采用强行使油脂分离器冷却的方法。

为了防止残油流入配管、防止其固化，应及早清除油脂。

案例5　对于由洗涤池落入异物的问题,通过在洗涤池排水口处安装一个带有滤网装置的排水回水弯便可以得到解决。

当经营性厨房的洗涤台及医院的洗净室洗涤台等要求具有耐热性及耐药品性时,应采用耐热性硬质聚氯乙烯管及氯丙烯管等。当水质不明时,可采用石棉层压管等。

在对这些配管材料的耐腐蚀性、耐热性、耐药品性等进行评估时,应对技术性资料进行充分的研究。

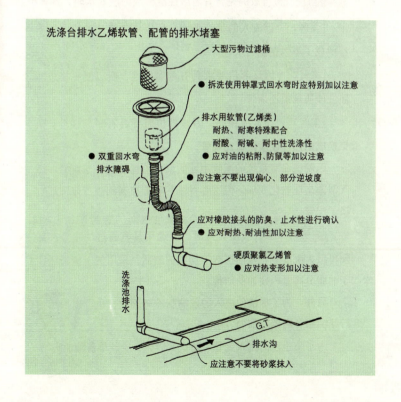

洗涤台排水乙烯软管、配管的排水堵塞

49 泡沫由排水管处泛出

▶横管内的泡沫总是集中于高处◀

在集合住宅中，洗涤剂的泡沫从最下层的洗涤池及浴室的排水回水弯处冒出。

错误地认为洗衣或洗餐具时洗涤剂的使用量大就可以提高洗净的效果。

当洗衣机排放的是含有高活性洗涤剂的洗衣水时，这种洗衣水就会在排水管内再次产生泡沫。含有洗涤剂的水再次产生泡沫，是遇有水被搅拌或空气被搅入水中的情况时才会出现。

当遇有下述情况下，洗涤剂才会再次在排水管内产生泡沫：

① 洗涤剂的使用量大。
② 洗涤剂的活性高。
③ 横管内的空气压力大。
④ 横管内有产生湍流的凸凹处（横管的底部不平，有高差）。
⑤ 由上向下落下的水流及来自侧面的急流冲击着横管内部。

等等。

由最下层的排水管处冒出了洗涤剂泡沫

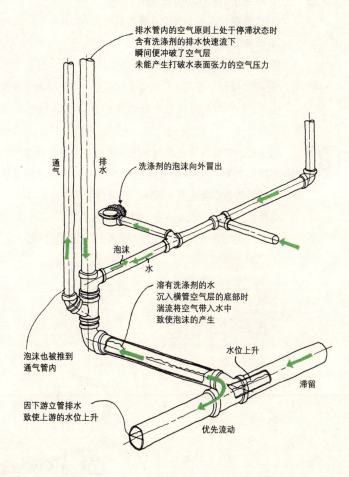

① 洗涤剂的使用量应适量。
② 应使用低泡沫型的洗涤剂。
③ 应使横管内的空气向立管内逸气。
④ 将横管的口径加粗。
⑤ 横管应采用卵形管。
⑥ 应在横管上进行通气横主管的配管,并与排水管连接。
⑦ 当排水立管的位置有所改变时,应在该横管处进行通气。

当单独对集合住宅洗涤台系统的排水立管进行设置时,应对使用洗涤剂而产生泡沫的问题加以考虑后,可以换成粗管径。另外,因油脂会使管径缩小,所以应及早进行清理。

为防止立管中途改变位置,可设置管道井。

另外,为防止横管的空气压力上升,应采用通气管。

可防止最下层泡沫冒出的配管

关键是要防止横管内的空气压上升
这样排水才会顺畅

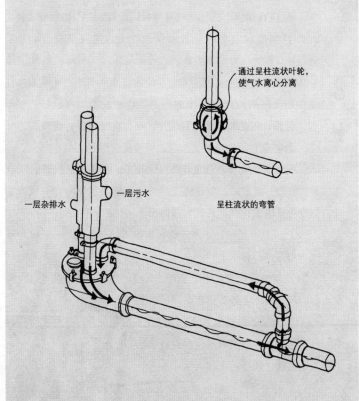

通过呈柱流状叶轮，使气水离心分离

一层杂排水　一层污水

呈柱流状的弯管

返回下部污水汇集井,因通气而减压
很容易实现水与空气的交替

50 担任污物处理职能的通气管

▶污水管堵塞致使污水流入通气管◀

在将地下室基础作为污水槽与排水槽使用的建筑物中，污水管的流动状况就会变得很差，而且杂排水泵的运转间隔也开始加长。

与之相反，因杂排水泵的运转间隔缩短，所以当打开杂排水槽的检查井盖时，一股股的污水臭气扑鼻而来。怀疑是否有污水流进了杂排水配管系统。

是否是由排水管误接工程引起的？对此进行了调查后发现实际并非如此。

在原设计阶段，只准备将一层的卫生间配管直接接至城市下水管进行排放的，但在施工过程中正值河水泛滥，一层排水的直接排放工程便被终止，并做出下述更改：

① 一旦一层的污水系统的污水流入地下污水槽，就改为通过污水泵进行排水。

② 泵的排水管向上立起直达一层的顶棚，待安装了空气阀后将其拐向下方进行排水。

③ 一层的杂排水系统也与污水系统相同，一旦污水排放到地下排水槽，就可以通过泵进行排水。

但是，还存在下述问题：

① 地下卫生间的污水量决定了污水槽的容量，而且无法对污水量的增大进行处理。

② 因地下污水管基础贯通梁的套管较细，而在污水管的口径过粗的情况下强行进行了连接。

因上述原因以及污水管堵塞，污水倒流进入通气管，通气管便处于满水状态，加之污水系与杂排水系的通气管被结合在一起，所以污物便由通气管倒流进入杂排水管。

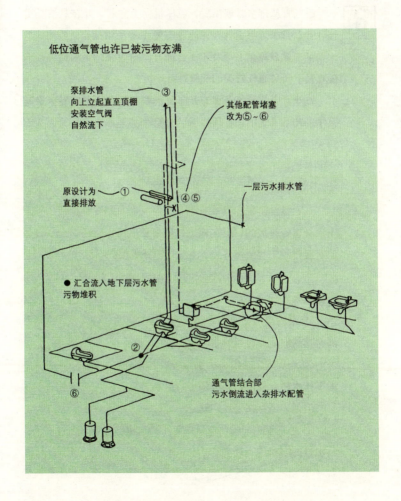

① 将一层的污水系统做成独立系统，并单独将污水排放到了污水槽内。

② 对地下卫生间的排水管进行了高压冲洗。

通气管从排水管取出后，应尽量向上立起，并在从洁具溢流口向上的部位与通气立管进行连接。

应尽量避免在下部对通气管进行横向接管，而且绝对不能在地板下面对通气管类的配管进行连接。

另外，应朝着排水管的方向设置坡度，以防出现凝结水的积存。决不可使用具有凸凹不平的配管。

[词语解释]
- 洁具溢流口……指卫生洁具满水时的最高水位。

污水流入通气管
如果污水管堵塞
污水便会流入通气管
由地下连接的通气管流入杂排水管

将污水堵塞清除后
通气管上也会粘有污物
通气管故障
应将通气管冲洗干净

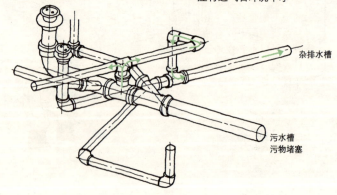

杂排水槽

污水槽
污物堵塞

屋顶通气的配管方式

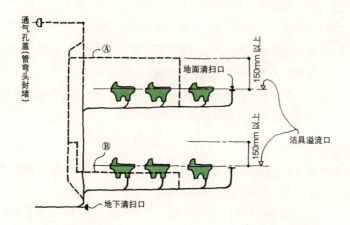

屋顶通气的配管方式最好采用上图中的 A 方式，但实际上也有使用 B 中所示的地下配管的。在 B 方式中，同一排水系统中向上立有两处以上的通气管时，可以不必在地下进行连接，而应自各种洁具的溢流口向上 150mm 立起后再与通气立管结合。

51　无法清扫的排水回水弯

▶还是将排水回水弯设在便于清扫的位置为好◀

  1　中华料理店的油脂分离器被安装在管道井内。开业20年间从未进行过彻底清扫，在店铺改装时进行了检查，发现表面布满了已经固化的油脂，方知已无法进行清扫。

  2　因不能将牙科技工室的石膏制回水弯拆下，所以无法进行彻底的清扫。

案例1　油脂分离器为铸铁制成品件，具有耐腐蚀性好的结构，但因地面型油脂分离器是安装在地板下的埋设配管上，所以被置于管道井内。

  由于必须将管道井门打开，并将油脂分离器盖的螺栓拧松后才能进行清扫，因此十分麻烦。

  另外，也不曾对清扫要领进行过说明，或即使进行了说明也已置之脑后，而且固化油脂已粘附在回水弯的表面，要想将油脂清除干净也就十分困难。因排水的温度高，故在回水弯的底部形成了一个水流通道，勉强可以将水排出。

  除此之外，将油脂分离器安装在通常看不到的地方也是难以清扫的原因之一。

案例2　虽然石膏制回水弯设在了牙科技工室洗涤台的下面，但因回水弯很高，所以即使将盖拆下也无法将回水弯内的滤网取出。

  原因就在于将石膏制回水弯安装在了洗涤台的下面。

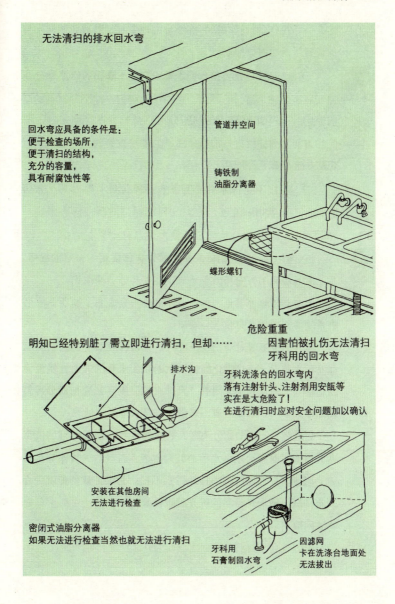

当将操作台设置在紧邻洗涤台的地方时，对石膏制回水弯的设置场所也有所限制。

案例1 以改建工程为契机，将埋入地板下的油脂分离器安装在了便于清扫的部位。为能便于清扫，油脂分离器的罩盖采用的是轻型不锈钢板制品。

为防止异物流流入油脂分离器，虽已设有污物过滤桶，但也决不能忽视清扫问题。

案例2 将石膏制回水弯更换成陶制柱形回水弯。为防止石膏灰粉流出，通过加入大孔树脂制过滤器便解决了这一问题。

案例1 关于油脂分离器的设计，已设定了一定的规格，但必须选择具有充分排水能力和油脂截集能力的形式。

各种排水回水弯的尺寸大并不表明一定就好。应将其安装在能定期进行清理的部位。

某烹饪学校使用的油量非常多，而且为能同时进行排水，排水的温度很高，油脂经过油脂分离器时未停留便直接流走了。虽曾定期对排水管进行了高压冲洗，但如果将油脂分离器的排水滞留时间延长，就有必要对冷却装置进行研究。

案例2 如果对牙科技工室的洗涤台、整形外科的洗涤台、地面石膏拌合场排水等的处理有误，石膏流入排水管内后就会凝固，并在短时间内出现排水不畅。为保证滤网能够完全截集油脂，应当进行功能优先的设计。

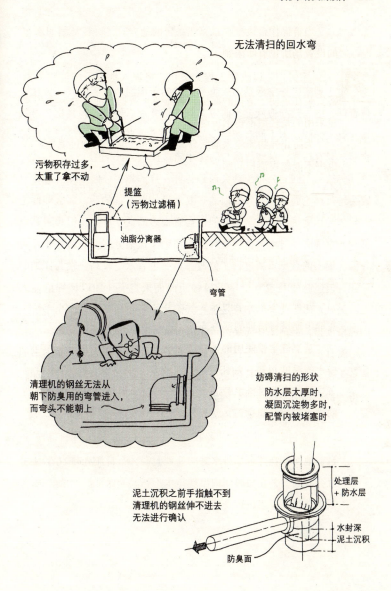

后　　记

对于现实工作中遇到的故障与问题的苦涩经历，不能只停留在一位责任人的失败与愧疚上，而应客观对待并加以研究，将其化为对从事建筑工作同仁志士们有所帮助的共有的苦口良药，作为反思的精神食粮。只有这样，这些故障与问题才能具有一定的价值。

将故障与问题公布于众会遇到各种各样的障碍，但如果为能在研究会进行讨论而将来自各方面的必要意见加以汇集的话，那么即便是仅仅作为话题提出，这类的案例也会有很多的话，莫如说很难将其全部收入书中。经过对案例进行筛选后明确了执笔分工，并通过相互对各稿件提出的意见重新进行了修改。虽然也有水平较高、较为详细的论述，但遗憾的是也有受本书篇幅所限而未能一一加以详细论述之处。另外，出版此书的本意是想将其编写成一本浅显易懂、全书统一的通俗读物，但结果如何还有待于诸位读者批评指正。

受日本建筑协会的委托，本研究会自去年3月开始即着手本书的准备工作。之后几乎每月便会聚集在一起进行商榷，直至今日。其间，曾得到协会出版委员会舟桥国男委员·学艺出版社吉田隆主编的大力帮助。在此一并表示深深的谢意。

1985年6月4日

建筑设备故障研究会成员（按日文字母顺序排列）

荒井　　清·东畑建筑事务所
大河原胜己·鹿岛建设株式会社
大嶋　康义·须贺工业株式会社
河津　隆之·浦边建筑事务所
木村　正生·鹿岛建设株式会社
泽柳　　健·高砂热学工业株式会社
辰己　久男·三晃空调株式会社
丹波信三郎·高砂热学工业株式会社
辻野　纯德·浦边建筑事务所
中村　　尧·日建设计株式会社
山本吉之助·西原卫生工业所大阪店

著作权合同登记图字：01-2006-5515号
图书在版编目（CIP）数据

卫生设备故障50例／（日）建筑设备故障研究会著；陶新中译．
北京：中国建筑工业出版社，2007
ISBN 978-7-112-09373-1

Ⅰ.卫… Ⅱ.①建…②陶… Ⅲ.房屋建筑设备：卫生设备-故障修复 Ⅳ.TU824

中国版本图书馆 CIP 数据核字（2007）第 077714 号

Japanese title: Eisei Setsubi no Toraburu 50
　　　　　　　by Kenchiku Setsubi Toraburu Kenkyukai
Copyright ⓒ 1985 by Kenchiku Setsubi Toraburu Kenkyukai
Original Japanese edition
Published by Gakugei Shuppansha, Japan

本书由日本学艺出版社授权翻译出版

责任编辑：白玉美　刘文昕
责任设计：赵明霞
责任校对：李志立　孟　楠

专业人士秘诀
卫生设备故障50例
［日］建筑设备故障研究会　著
陶新中　译
董新生　校
*
中国建筑工业出版社出版、发行（北京西郊百万庄）
各地新华书店、建筑书店经销
北京嘉泰利德公司制版
北京云浩印刷有限责任公司印刷
*
开本：787×1092毫米　1/32　印张：6¾　字数：152千字
2007年8月第一版　2007年8月第一次印刷
定价：**30.00**元
ISBN 978-7-112-09373-1
　　（16037）
版权所有　翻印必究
如有印装质量问题，可寄本社退换
（邮政编码100037）